内 容 简 介

本书汇集了编者多年的物联网教学与研究成果，旨在为读者提供全面的知识，涵盖物联网基础知识、物联网在各领域的应用、物联网在商业和工业中的实践案例及物联网应用的相关研究；帮助读者了解基于物联网的系统的发展及其对医疗保健、智能家居、农业、机器人、工业、管线密闭输送检测等多个学科领域的深远影响；系统地解释了物联网当前的发展趋势和不同架构，激励读者了解物联网的体系赋能。

Title: Internet of Things in Business Transformation:Developing an Engineering and Business Strategy for Industry 5.0 by Parul Gandhi, Surbhi Bhatia, Abhishek Kumar, Mohammad Alojail, Pramod Singh Rathore, ISBN:978-1-119-71112-4

Copyright ©2021 Scrivener Publishing LLC

All Rights Reserved. This translation published under license. Authorized translation from the English language edition, Published by John Wiley & Sons. No part of this book may be reproduced in any form without the written permission of the original copyrights holder

Copies of this book sold without a Wiley sticker on the cover are unauthorized and illegal

本书中文简体版专有翻译出版权由 John Wiley & Sons, Inc. 公司授予电子工业出版社。未经许可，不得以任何手段和形式复制或抄袭本书内容。本书封底贴有 Wiley 防伪标签，无标签者不得销售。

版权所有，侵权必究。

版权贸易合同登记号 图字：01-2024-2188

图书在版编目（CIP）数据

物联网在行业转型中的应用 /（印）帕鲁尔·甘地 (Parul Gandhi) 等编 ；阮晓刚等译. -- 北京 : 电子工业出版社，2025. 1. -- ISBN 978-7-121-49207-5

Ⅰ. TP393.4；TP18

中国国家版本馆 CIP 数据核字第 2024P3D507 号

责任编辑：米俊萍

印　　刷：天津画中画印刷有限公司

装　　订：天津画中画印刷有限公司

出版发行：电子工业出版社

　　　　　北京市海淀区万寿路 173 信箱　　邮编：100036

开　　本：787×1 092　1/16　印张：16　　字数：256 千字

版　　次：2025 年 1 月第 1 版

印　　次：2025 年 1 月第 1 次印刷

定　　价：99.00 元

凡所购买电子工业出版社图书有缺损问题，请向购买书店调换。若书店售缺，请与本社发行部联系，联系及邮购电话：(010) 88254888，88258888。

质量投诉请发邮件至 zlts@phei.com.cn，盗版侵权举报请发邮件至 dbqq@phei.com.cn。

本书咨询联系方式：mijp@phei.com.cn。

物联网在行业转型中的应用

帕鲁尔·甘地（Parul Gandhi）

苏尔比·巴蒂亚（Surbhi Bhatia）

［印］阿比舍克·库马尔（Abhishek Kumar）　　　编

穆罕默德·阿洛贾伊尔（Mohammad Alojail）

普拉莫德·辛格·拉托尔（Pramod Singh Rathore）

阮晓刚　董飞鸿　刘建军　张瞩熹　叶　虎　译

电子工业出版社

Publishing House of Electronics Industry

北京·BEIJING

近年来，物联网（IoT）经历了爆炸式增长。新兴的物联网模式不仅极大地丰富了人们的生活，还具有推动经济增长的潜力。物联网为商业世界提供了全新的深入见解，在转变商业策略和运营方面持续发挥重要作用。但是，要充分发挥其潜力，我们必须面对并解决物联网带来的挑战，提供相应的技术解决方案。为此，本书旨在探讨物联网的多项强大功能，以及如何利用这些功能构建成功的商业策略；同时，为了深入理解不同的领域，本书还详细讨论了物联网相关的工具和技术。

本书汇集了编者多年的教学与研究成果。我们的目标是为研究人员和学生提供全面的知识，涵盖物联网的基础知识、物联网在多个领域的应用、物联网在商业和工业中的常规实践，以及物联网应用研究。在选择本书的表达形式时，我们旨在确保研究人员和大学生能够轻松理解，力求简化语言和强调实际应用案例。

在阅读本书后，读者将全面了解物联网系统的迅速发展，及其对医疗保健、智能家居、农业、机器人技术、工业、碳氢化合物产品管线密闭输送中的泄漏检测集成等多个科学和工程领域的深远影响。本书系统地解释了当前趋势和不同架构领域，旨在激励学术界和工业界人士了解物联网的强大功能。此外，本书还介绍了增强物联网安全性的异构性技术，并解释了基于物联网经优化的能源互联网安全生态系统所需的智能空间框架，该能源网络由通用计算环境提供支持。本书详细阐述了行业转型和满足当前需求的方法，包括机器学习在大型商业组织实现商业智能过程中发挥的更大作用，大数据分析的角色及自动化概念，为行业提供了一条利用大数据创造商业价值，以及在人们生活的智能环境中实现智能化的路线图。本书还分析了人类与人工智能在未来几年如何实现共同进步，以及如何借助商业智能对人类产生影响。最后，本书描述了商业发展中遇到的挑战，包括建立自我管理的自治团队，该团队拥有来自组织内 IT 和商业发展部门的资源。

我们代表编辑委员会全体成员，向所有选择我们来出版他们杰出作品的作者们表示衷心的感谢。他们积极的反馈是我们保持动力、推动本书完成的重要因素，因此我们深表感激。他们的贡献在质量和多样性上都极大地增强了本书的影响力，他们的信任、耐心及在生产各阶段的友好合作对本书的成功起到了至关重要的作用。我们还要向 Scrivener 出版社的团队表达我们的感谢，感谢他们的指导和支持，确保该项目得以顺利完成。

编者

2020 年 11 月

目 录

第1章
工业物联网系统在碳氢化合物产品管线密闭输送泄漏检测中的应用

普拉加迪亚·达斯 *

摘要：由于泄漏问题，管线密闭输送容易造成损失。此外，由于管线距离长，泄漏检测成为一项艰巨的任务。可采用多种方法，通过机械、数学和信号处理技术来检测泄漏及其具体位置。随着工业物联网和机器学习的发展，本章分析并应用了多种机器学习方法，以检测管线泄漏。

关键词：密闭输送、管线、泄漏检测、工业物联网、机器学习、集成学习

1.1　引言

石油和天然气行业正在以惊人的速度发展。世界对能源的需求日益增长[1]，对石油（或天然气）的需求短期内不会减少[2]。

随着人们对燃料需求的增加，需要不断地将燃料（如汽油等）从一个地点运输到另一个地点。这就需要一种能够安全、负责任地有效运输燃料的转移介质。

根据印度官方网站发布的数据，从 2010 年 3 月 31 日到 2017 年 3 月 31 日，天然气管线的总长度从 10246 km 增加到 17753 km，增长率高达 57%[3]。这一显著增长表明在像印度这样能源需求迅速增长的国家中，管线在能源领域的必要性及日益增长的实用性[4]。

同样，美国每天的汽油消耗量约为 8.682 百万桶[4]，并且拥有大量的原油和产品管线。

* 印度蒂鲁吉拉伯利国家技术学院，邮箱：daspragyaditya@gmail.com。

考虑管线是汽油、柴油和其他与能源相关的燃料的主要密闭输送方式，对此类设施进行适当监控非常重要，以防任何形式的掺假，更重要的是，防止泄漏导致经济损失。

随着无线传感器网络（WSN）和物联网（IoT）的出现，现在对长距离管线进行监测已成为可能。

1.2　工业物联网

"物联网"的核心概念是设备之间的互联，此类设备能够相互通信，并根据彼此的状态"行动"或做出"决策"。

使用工业级传感器实时监控工业过程，随后实现互联，这被称为工业物联网。

现代炼油厂和管线配备了大量的传感器，产生的数据量巨大。这为推动该行业的数据分析和工业物联网的发展提供了巨大的机遇。

工业物联网通过智能传感器（或执行器）增强制造和工业过程。工业物联网背后的理念是，智能机器在实时捕获和分析数据方面比人类更加出色。此外，它们还更擅长快速有效地提供决策所需的信息。

1.3　管线泄漏

管线无疑是密闭输送燃料最安全、最可靠的方式。管线泄漏的主要原因如图 1.1[5] 所示。

1.3.1　用于管线泄漏检测的各种技术

通常，用于管线泄漏检测的技术分为两类：硬件技术和软件技术。

下面简要讨论在管线泄漏检测中使用的三种常见的非分析和基于硬件的技术。

（1）蒸汽采样法：这是检测管线泄漏最常用的方法。其采用一个增强系

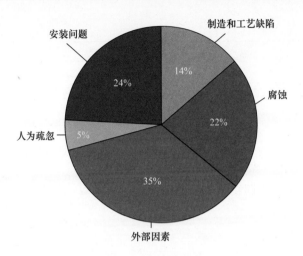

图 1.1　管线泄漏原因的细分百分比

统，包括气体检测和气体 ppm 测量系统。在这种方法中，气体检测/测量单元沿管线部署。该方法如图 1.2 所示。

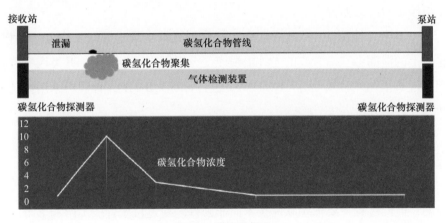

图 1.2　蒸汽采样法

（2）声波信号处理[6]：在此方法中，发生泄漏被视为管线壁故障。管线内部的压差分布通常是从高压势能到低压势能，这可被视为从管线一端传播到另一端的入射光束。管线上的泄漏会导致压力分布的扰动，类似于入射光束路径上的半透明物质。根据反射光束到达泵站所需的时间，就可确定泄漏的确切位置。该方法如图 1.3 所示。

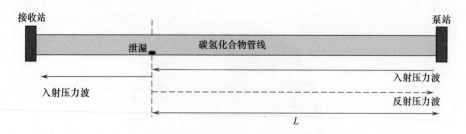

图 1.3　基于声波信号处理的管线泄漏检测

声波在单相、刚性管线中的传播速度，可通过质量守恒定律确定，其表达式为

$$v = \sqrt{\dfrac{1}{\rho \left[\dfrac{1}{K} + \dfrac{D}{E_e} \phi \right]}}$$

式中，v 代表波传播速度（单位：m/s），ρ 代表流体密度（单位：kg/m^3），E_e 代表管线材料的杨氏模量（单位：N/m^2），K 代表液体的体积模量，ϕ 代表基于泊松比的约束因子。

（3）光纤检测法：在此方法中，螺旋形光纤电缆沿管线长度方向铺设。管线上的泄漏会在沿管线的光纤电缆应变分布图中产生尖峰。此类应变分布图通过布里渊光时域分析（BOTDA）进行计算。BOTDA 计算可采用传统的数学和数据分析方法 [7]。

下面简要讨论在管线泄漏检测中使用的三种常见的分析和基于软件的技术。

（1）负压波法 [8]：本方法利用管线压力下降和速度分布图的变化来检测泄漏，但此过程主要依赖软件技术而非硬件。通过位于管线上游和下游的传感器捕获压力波。捕获的波形随后通过扩展卡尔曼滤波器（EKF），这是一种用于非线性系统的滤波器，旨在估计建模管线系统所需的状态数 [9]。利用扩展卡尔曼滤波技术估计包含管线段信息的状态向量，结合虚拟泄漏率，可以得到一个表达式 [10]，该表达式能够在假设虚拟泄漏率和管线初始条件相同时，准确推导出管线上的泄漏点 [11]。此外，本方法还采用了 Haar 级联等技术进行波导变换/分解和泄漏检测分析。

（2）数字信号处理：此方法使用过程数据，如压力分布图、流量分布图、应变、流量熵等，识别和分析有助于检测管线系统中泄漏的特征。

分析的特征包括信号能量、信号熵、零交叉点和分解小波中的能量分布[12]。其中，零交叉点最为关键，因为其能识别在零值或负值之后紧接着出现的高值（定义为信号幅度均值的 1.5 倍，仅正值）。此类特征揭示了流量数据中的尖峰，然后通过快速傅里叶变换（FFT）进行信号分解和变换。变换后的信号小波或流量数据由神经网络进行处理，将合适的数据分类为泄漏。图 1.4 展示了该过程的示意图。

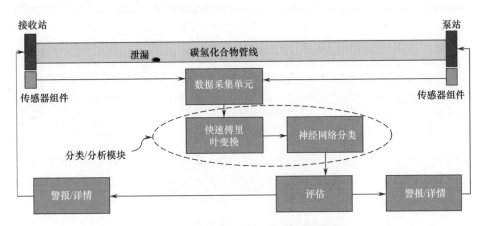

图 1.4 基于数字信号处理的管线泄漏检测

（3）动态建模方法：随着对经典和现代统计技术应用、理解的深入，动态建模方法越来越受欢迎。我们已讨论了采用 EKF 提取特征的方法中流体状态的使用。利用流体力学的概念，流动可用偏微分方程建模，此类方程可转换为状态空间方程，用于确定流体的行为（波形分布图、压力分布图、流量分布图等），然后分析干扰，以检测泄漏。此外，计算流体动力学（CFD）也被用于模拟和检测管线中的泄漏。

1.3.2 工业物联网在管线泄漏检测中的应用

随着工业中使用的连接设备日益增多，工业物联网的使用越来越普及。

一个典型的工业物联网单元由所有相互连接的设备组成。此类设备连接到一个以网关为终点的网络。网关具有双向终端，连接到分析模块。分析模块通过双向终端连接到规则和控制单元。

在我们的例子中，管线是一个上游和下游相互连接的系统。管线上游、下游及沿管线长度方向上部署的传感器相互连接，并连接到一个边缘网关。该网关将系统连接到分析和转换单元，用于生成过程线索。该连接通过一个能够处理大量上传和下载数据的访问网络完成。然后，线索被发送到控制单元，控制单元根据此类线索生成系统的控制或规则。这通过被称为服务网络的网络完成，该网络也必须能够处理大量的上传和下载数据。

图1.5为基于工业物联网的管线泄漏检测架构。

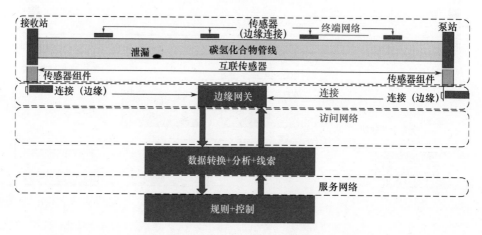

图 1.5　基于工业物联网的管线泄漏检测架构

1.3.3　使用机器学习算法检测管线泄漏

在过去十年中，机器学习和数据科学越来越受欢迎。在本章前面的内容中，我们介绍了如何使用神经网络检测管线泄漏，这为将机器学习引入碳氢化合物管线输送泄漏检测领域奠定了基础。

多种机器学习算法已被用于泄漏检测。先进技术如神经网络[13]和支持向量机[14-15]已被应用并取得了优异的成果。此外，人们还在探索使用深度学习和卷积神经网络[16]等更高级的方法，实际上，变分自编码器已经经过测试并被应用。

下面将简要讨论此类方法（基于神经网络和支持向量机）的实现技术，并尝试实施一种新策略，即使用集成学习来检测管线泄漏[17]。

1. 基于神经网络的管线泄漏检测策略

1.3.1 节在阐述使用数字信号处理检测泄漏的同时，也给出了设计的系统的总体架构。在这里，我们仅从计算的角度分析神经网络的细节。有的论文中使用带有 Sigmoid 激活函数的三层神经网络，该方法通过反向传播减小误差。

2. 基于支持向量机的管线泄漏检测策略

1.3.1 节中已经讨论了负压波法在泄漏检测中的应用。我们发现，在负压波法中，使用了各种计算方法，通过包含泄漏信息及来自管线、管件和环境噪声的巨大数据集检测泄漏。使用此类计算方法使模型从计算的角度来看非常昂贵。因此，可以采用支持向量机与负压波架构相结合的方法。

支持向量机用于检测极端情况，对于我们而言，极端情况是泄漏或无泄漏。图 1.6 中对此进行了描述。

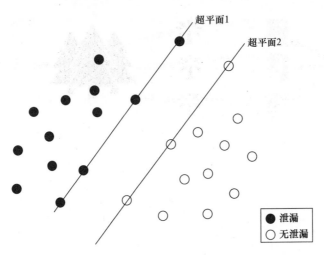

图 1.6　使用支持向量机进行管线泄漏检测

通过超平面将数据分成两个明确的类别。此类超平面也称为支持向量。

负压波法有两种不同情况下的压力信息，一种是没有泄漏时，压力分布图是正常的；另一种是有泄漏时，压力分布图有扰动。支持向量机用于正确分类此类数据并为检测泄漏生成线索。

1.3.4　基于集成学习的管线泄漏检测方法的设计和分析

集成学习本质上是利用多个模型的优势，联合多个模型，提高分析准确性。由于我们从管线系统中聚合的数据十分复杂，可能需要使用多个分类模型才能得出结论。集成学习的模型种类很多，这里我们选择了随机森林分类器。首先，采用随机森林分类器将实际数据集拆分为各种引导样本，并将它们与我们想要分类的特定特征绑定在一起。其次，我们将此类数据集拟合到树中，只考虑选定的特征。最后，计算从此类树中所获得结果的平均值，以获得最终结果。随机森林分类器在泄漏检测中的应用如图 1.7 所示。

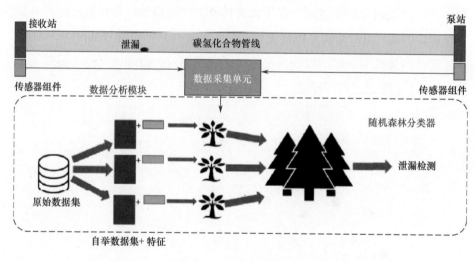

图 1.7　随机森林分类器在泄漏检测中的应用

1.4　结论

从本章提供的文献和分析中可以看出，在将连接设备与分析和机器智能相结合，以构建几乎不需要人工干预的系统方面，人们正在开展大量的工作。

要通过算法获得所需的输出，只能通过持续的实验和测试才能实现。

本章旨在为管线工程、工业物联网和机器学习领域的初学者打下坚实的基础。

本章原书参考资料

1. "In an energy-hungry world, natural gas gaining the most", Amy Harder. Axio. com, June 2019.

2. Pydata 2018 Video (Youtube), Hot Water Leak Detection Using Variational Autoencoder Model—Jay Kim.

3. Na, L. and Yanyan, Z., Application of Wavelet Packet and Support Vector Machine to Leak Detection in Pipeline. *2008 ISECS International Colloquium on Computing, Communication, Control, and Management*, 2008.

4. Ibitoye, Olakunle & Shafiq, Omair & Matrawy, Ashraf. (2019). A Convolutional Neural Network Based Solution for Pipeline Leak Detection.

5. Lim, K., Wong, L., Chiu, W. K., Kodikara, J., Distributed fiber optic sensors for monitoring pressure and stiffness changes in out-of-round pipes. *Struct. Control Hlth.*, 23, 2, 303–314, 2015.

6. Gamboa-Medina, M. M., Ribeiro Reis, L. F., Capobianco Guido, R., Feature extraction in pressure signals for leak detection in water networks. *Procedia Eng.*, 70, 688–697, 2014.

7. Bolotina, I., Borikov, V., Ivanova, V., Mertins, K., Uchaikin, S., Application of phased antenna arrays for pipeline leak detection. *J. Petrol. Sci. Eng.*, 161, 497–505, 2018.

8. Adnan, N. F. *et al.*, Leak detection in gas pipeline by acoustic and signal processing—A review. *IOP Conf. Ser. : Mater. Sci. Eng.*, 100, 012013, 2015.

9. Wang, L., Guo, N., Jin, C., Yu, C., Tam, H., Lu, C., BOTDA system using artificial neural network. *2017 Opto-Electronics and Communications Conference (OECC) and Photonics Global Conference (PGC)*, Singapore, pp. 1–1, 2017.

10. Shibata, A., Konishi, M., Abe, Y., Hasegawa, R., Watanabe, M., Kamijo, H., Neuro based classification of gas leakage sounds in pipeline. *2009 International Conference on Networking, Sensing and Control*, 2009.

11. Feng, W. -Q., Yin, J. -H., Borana, L., Qin, J. -Q., Wu, P. -C., Yang, J. -L., A network theory for BOTDA measurement of deformations of geotechnical structures and error analysis. *Measurement*, 146, 618–627, 2019.

12. Chen, Y., Kuo, T., Kao, W., Tsai, J., Chen, W., Fan, K., An improved method of soil-gas

sampling for pipeline leak detection: Flow model analysis and laboratory test. *J. Nat. Gas Sci. Eng.*, 42, 226–231, 2017.

13. Chen, H., Ye, H., Chen, L. V., Su, H., Application of support vector machine learning to leak detection and location in pipelines. *Proceedings of the 21ˢᵗ IEEE Instrumentation and Measurement Technology Conference (IEEE Cat. No. 04CH37510)*, Como, Vol. 3, pp. 2273–2277, 2004.

14. Thorley, A. R. D., *Fluid Transients in Pipeline Systems*, D&L George Limited, pp. 126–129, 1991.

15. Tian, C. H., Yan, J. C., Huang, J., Wang, Y., Kim, D. -S., Yi, T., Negative pressure wave based pipeline Leak Detection: Challenges and algorithms. *Proceedings of 2012 IEEE International Conference on Service Operations and Logistics, and Informatics*, 2012.

16. Hou, Q. and Zhu, W., An EKF-Based Method and Experimental Study for Small Leakage Detection and Location in Natural Gas Pipelines. *Appl. Sci.*, 9, 15, 3193, 2019.

17. Peng, Z., Wang, J., Han, X., A study of negative pressure wave method based on Haar wavelet transform in ship piping leakage detection system. *2011 IEEE 2nd International Conference on Computing, Control and Industrial Engineering, Wuhan*, pp. 111–113, 2011.

第 2 章
心率监测系统

拉玛普里亚·拉格纳纳斯 *、帕拉格·贾恩、阿卡什·科莱卡尔、
斯内哈·巴利加、A. 施里尼瓦斯和 M. 拉贾斯坦

摘要： 物联网是一个新兴且处于不断发展中的概念，其通过感应设备和嵌入式系统提供互联网连接，实现在异构连接环境中的智能识别和管理，无须人与人之间或人与计算机之间的交互。当前的医疗发展已将通常在重症监护室中使用的患者监护设备，如心电图（ECG）监护仪、脉搏血氧仪、血压计、体温计等，转移到出院患者的家中，其中，护理站是一个连接到宽带通信链路的计算设备。其主要的限制因素是此类设备的成本。移动医疗保健或"mHealth"是指"用于医疗保健的移动计算、医疗传感器和通信技术"。我们的目标是设计一个包含医疗传感器的可穿戴原型，就本章而言，为脉搏传感器，将数据传输到 Linklt One（这是一个物联网设备的原型电路板），然后其将实时数据发送到数据库，最后检索数据并用于在应用程序（Android 和 iOS）上绘制动态图表。mHealth 用于防止用药错误，并提高现有医疗保健系统的效率和准确性。

关键词： 物联网、Linklt One、移动计算、医疗传感器、移动医疗

2.1 引言

物联网是各种传感器和嵌入式系统之间的相互通信网络，无须人与人之间的交互和人与传感器之间的交互。通过互联网及其在网络中传输数据的能力，所有传感器和系统共同工作，提供可行和所需的输出。物联网是自主

* 微软，邮箱：ramapriya288@gmail.com。

的，并独立于人机交互，这是时代的需求。医疗保健中的物联网不仅是人们需要的，而且非常必要。物联网使捕捉和分析人体感应数据成为可能。物联网使随时随地与人们进行联系成为可能。通过物联网，我们可关注居住在偏远地区的人，并为他们提供高级医疗和持续监测[1]。

当前的一个主要问题是患者的监测，包括出院患者和住院患者。出院的老年患者依赖他人。一些患者由于没有专门的看护人员，无法返回医疗机构进行出院后的测试、评估和评测。本章提出的系统旨在使患者与医生和其他家庭成员的沟通更快、更简单。医生可根据患者的病情严重程度对患者进行监测和优先排序。在黄金时段，每一秒都很重要。这是关系到生死存亡的情况，最危急的患者优先。即使对于住院患者，在医院内也有优先级排序。使用此类物联网设备，可为包括老年人和心血管疾病患者在内的一大群人收集、处理和开发数据。医生可根据对患者医疗历史的充分了解，以及关于患者当前状况的实时连续数据流，对患者用药。

物联网用于在医疗保健领域有效处理数据并诊断患者的病情。采用明确的格式将数据提供给医生。患者通过 Google 认证在应用程序上注册。新患者必须注册[2]。登录后，医生通过 MQTT 协议查看他订阅的患者资料。一旦医生订阅的患者的数据低于或超过医疗阈值，医生就会收到通知。这非常有用，因为当前情况下的医生以轮询方式治疗患者，尚未建立优先级流程。在特定医院住院的患者希望最好的医生为他们治疗，但这真的很难，因为医生每天仅能治疗一小部分患者。通过我们的机制，医生可按优先级周期性治疗患者[3]。由于我们会动态地收集患者数据，可针对最高优先级患者更新列表。这将确保最需要的患者首先得到治疗，因为在黄金时段内，他们需要被赋予更高优先级。通过电路板上的运行节点从电路板向数据库传输数据。分块数据不断传输到服务器，并可按照医生应用程序上的图表检索这些数据。应用程序上提供了人的脉搏动态图。Linklt One 开发套件具有许多优点。其内置了锂离子电池，因此，电路板的持续电源供应不是问题。这允许用户自由移动，而其他电路板则不具有此类功能。其还内置了 Wi-Fi 模块[4]。

从传感器发送到 Linklt One 的信号可用于计算心跳间期（IBI），反过来又用于计算患者每分钟的心跳数（BPM）。该系统支持将由 Linklt One 处理的患者连续数据流提供给需要访问患者信息的医生。如果数据超过给定阈值（上下限），医生会收到警报，并立即给予关注以确保患者的安全。数据将以高效的方式进行处理和显示，这对医生和患者都很友好。

本章提出的系统的明显优势是成本效益及对慢性病患者的个性化定制。医生可在患者出院后通过智能手机监控他们的健康状况。

本章提供了涉及物联网的解决方案。其包括设计一种可穿戴设备，该设备将包括脉搏在内的关键医疗传感器数据传输到远程服务器，授权的医疗专业人员可在应用程序上访问数据，并进行医疗专业人员和患者之间的预约[5]。

2.2　项目目标

项目目标如下：

- 配置现有设备 / 传感器，通过无线方式将数据发送至服务器。
- 创建数据库以存储信号数据。
- 设计一个跨平台应用程序，用于以最小的延迟显示从设备 / 传感器接收的关键医疗参数。
- 在应用程序中设置脉搏监控器，以显示脉搏信息。
- 当患者关键参数超过阈值时，启动紧急短信服务。

以下为紧急护理所需的患者参数列表：

（1）脉搏。

（2）体温。

（3）血压。

（4）呼吸频率。

（5）氧饱和度。

选择脉搏传感器是因为其能够测量人体最重要的参数，非常适合用于可穿戴设备。系统现已模块化，方便集成新的传感器[5]。

2.3 系统架构

使用的主要硬件组件如下（见图 2.1）。

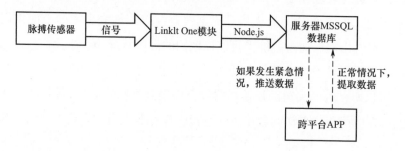

图 2.1　硬件组件

- 脉搏传感器：用于 Arduino 和 Arduino 兼容的电路板的心率传感器。其为硬件增加了放大和噪声消除电路，使得获取可靠的脉搏读数更快、更容易。脉搏传感器可与 3V 或 5V Arduino 配合工作。彩色编码电缆带有标准公头连接器。传感器通过耳夹连接至用户耳垂，或使用 Velcro 连接至用户拇指，因为这些部位是人体最敏感的区域。传感器内置小型摄像头和红外传感器。红外传感器基于反射光波的原理工作。通过检测反射的红外光，计算 BPM[6]。脉搏传感器套件如图 2.2 所示。

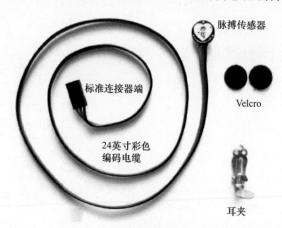

图 2.2　脉搏传感器套件

- Linkit One：这是一个高性能开发板，提供类似 Arduino 电路板的引脚布局功能，易于连接各种传感器、外围设备和 Arduino 护罩。Linklt One 是物联网 / 可穿戴设备的全能原型板。该电路板的主要优势在于内置 GSM、GPRS、Wi-Fi、GPS、蓝牙功能，还配备了锂离子电池，确保电路板在使用时不必总连接在插座上（见图 2.3）。这样就不会对用户的自由行动造成影响。用户可携带该电路板四处走动，而其他电路板则不能。

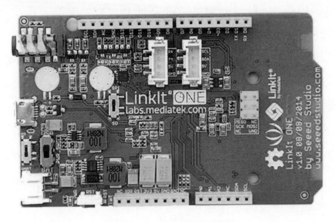

图 2.3　Linklt One 电路板

本章提出的自动物联网系统用于监测患者心率，并以心电图（ECG）形式显示。该系统包括感知子系统、数据传输子系统、数据显示子系统。

1. 感知子系统

感知子系统包括脉搏传感器和 Linklt One。脉搏传感器佩戴在拇指尖或耳垂尖（使用耳夹），因为这些是身体敏感部位。脉搏传感器将向 Linklt One 发送脉搏信号。Linklt One 对信号执行编程操作并计算 IBI 和 BPM。感知子系统连接如图 2.4 所示。

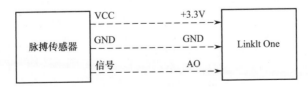

图 2.4　感知子系统连接

2. 数据传输子系统

在该子系统中，使用 Linklt One 上的 Wi-Fi 模块，Node.js 在 Linklt One 上运行。数据来自用户，将进行加密、分块，并传输至服务器，然后通过定期获取来收集数据。Linklt One 采用高性能的 Wi-Fi MT5931，据说提供了最方便的连接功能。其体积小、功耗低，数据传输质量非常好。我们使用 MSSQL 数据库存储数据。上述优点使其能够在 Wi-Fi 信号弱的区域使用[7]。

3. 数据显示子系统

该子系统由跨平台应用程序（Android 和 iOS）组成，用于向医生展示数据。数据存储在数据库中，该数据库被检索到应用程序上。数据被绘制为动态图表，并在医生的手机上以图表形式显示。如果患者参数超出医疗参数范围，系统立即向医生、救护车和患者亲属发送消息。我们希望其易于使用，因此我们设计了一个跨平台应用程序。为保护特定患者的数据，我们采用 MQTT 协议。MQTT 是一种极其轻量级的发布/订阅消息的传输协议。其适用于需要小代码占用和/或网络带宽非常昂贵的远程连接。其已被用于与服务器通信的传感器，请求与医疗保健提供商进行连接。其由于尺寸小、功耗低、最小化数据包及向一个或多个接收者有效分发信息，非常适合移动应用程序。在应用程序中，我们实现了 Google OAuth。各患者信息的机密性得以维护，只有治疗该患者的医生才能访问他的/她的详细信息。注册流程如图 2.5 所示。基本流程如图 2.6 所示。

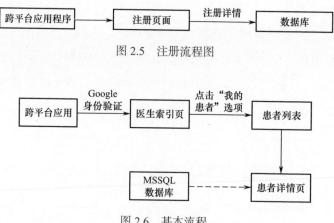

图 2.5　注册流程图

图 2.6　基本流程

医生可使用如图 2.7 和图 2.8 所示的 Gmail 账户登录。

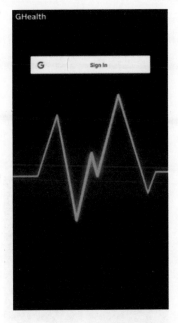 

　　图 2.7　登录页面　　　　　　　　　图 2.8　账户选择

医生可查看并访问他可用的选项（见图 2.9）。

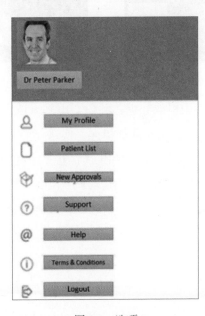

图 2.9　选项

登录后将显示患者视图页面（见图 2.10）。在该页面上，将列出医生治疗的所有患者并可便捷访问。

医生也可在"搜索 ID"搜索栏中输入患者 ID，以便更快地访问数据。他也可按照同样的方式上传患者数据。其可通过选择"查看详情"选项，查看特定患者的详细信息（见图 2.11）。

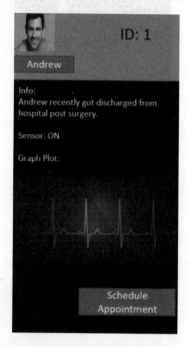

图 2.10 患者列表　　　　　　　图 2.11 患者详情页面

应用程序从数据库中提取数据，并以心电图（ECG）的形式展示。我们通过将 GSM 模块与 Linklt One 设备相连，实现了在心率超过每分钟 100 次或低于每分钟 60 次时，自动向医生和患者的近亲发送紧急短信的功能。

如果患者住院，短信中将包含病房号码；否则，将提供患者的家庭住址。当心率超过预设的阈值时，图表会变为红色，以警示潜在的危险。

2.4　结论

我们设计并构建了一个原型系统，该系统能够接收医疗传感器（如脉搏传感器）的信号，进行处理，计算 BPM，并将此类数据传输到数据库中。随后，可以从数据库中检索此类数据，并在专为医疗专业人员设计的网站中展示。我们还为此开发了一个跨平台应用程序。

我们认为，这是远程患者监测领域的一项进步，因为其能够使医疗专业人员在办公室或家中方便地监测关键的医疗参数，如脉搏、血压、氧饱和度等，从而使出院后的护理更加便捷和高效。对于居住在远离医疗中心的患者来说，他们不再需要仅仅为了体检而长途跋涉。这是一个经济高效的解决方案。

本章原书参考资料

1. Hu, F., Xie, D., Shen, S., On the Application of the Internet of Things in the Field of Medical and Health Care. *2013 IEEE International Conference on Green Computing and Communications and IEEE*, 2013.

2. Jimenez, F. and Torres, R., Building an IoT-aware healthcare monitoring system. *2015 34th International Conference of the Chilean Computer Science Society* (*SCCC*), 2015.

3. Chiuchisan, I., Costin, H.-N., Geman, O., Adopting the Internet of Things Technologies in Health Care Systems. *2014 International Conference and Exposition on Electrical and Power Engineering* (*EPE 2014*), Iasi, Romania, 16–18 October, 2014.

4. Luo, J., Tang, K., Chen, Y., Luo, J., Remote Monitoring Information System and Its Applications Based on the Internet of Things. *2009 International Conference on Future BioMedical Information Engineering*, 2009.

5. Istepanian, R.S.H., Sungoor, A., Faisal, A., Philip, N., *Internet of M-Health Things, m-IOT*. Imperial College London ... Taccini, 2005.

6. Amendola, S., Lodato, R., Manzari, S., Occhiuzzi, C., Marrocco, G., RFID Technology for IoT-Based Personal Healthcare in Smart Spaces. *IEEE Internet Things J.*, 1, 2, 144–152, 2014.

7. Stankovic, Q., Cao, Doan, T., Fang, L., He, Z., Kiran, R., Lin, S., Son, S., Stoleru, R., Wood, A., Wireless Sensor Networks for In-Home Healthcare:Potential and Challenges. *2015 34th International Conference of the Chilean Computer Science Society* (*SCCC*).

第 3 章
高效聚类技术在基于蜻蜓优化算法的无线体域网（WBAN）中的应用

比拉勒·马哈茂德和法尔汉·阿迪勒*

摘要： 无线体域网（WBAN）是由微型健康监测传感器构成的网络，此类传感器或植入人体或附着于人体，用于收集和传输生理数据。WBAN 通过与医疗服务器连接，实现对患者健康状况的实时监控。其持续的远程监控能力对于保护重症患者至关重要。WBAN 系统为患者提供了一个动态环境，允许他们自由活动。在移动过程中，部分 WBAN（患者）可能处于远程基站（RBS）的覆盖范围内，但也可能不在。因此，我们提出了一种高效的 WBAN 间通信方法。所提出的基于聚类的路由技术不仅减少了网络开销，还延长了簇的生命周期。簇头节点作为簇成员与外部网络之间的网关。此外，为了优化簇头节点的选择，我们采用了进化算法，以在众多解决方案中找到最优解。在聚类方法中，网络效率与簇的生命周期密切相关。本章提出的技术通过形成生命周期更长的高效簇，显著提高了网络效率和能量效率。

关键词： 无线体域网（WBAN）、节能聚类、WBAN 间路由

3.1 引言

WBAN 是由小型、轻便、低功耗的可穿戴或可植入传感器组成的网络。此类传感器用于监测人体生理活动，包括患者的心跳、血压、心电图、肌电图（EMG）等。WBAN 支持异构体传感器与便携式中心设备之间的连接，并通过该设备连接到外部互联网。WBAN 广泛应用于多个领域，包括军事和医疗保健。在军事应用中，WBAN 可以用于监控现场人员的物理位置、身体

* 巴基斯坦伊斯兰堡 COMSATS 大学阿托克校区计算机科学系，邮箱：farhan.aadil@cuiatk.edu.pk。

状况和生命体征。在医疗保健领域，WBAN 可以追踪患者的生理状况，以便提供及时的医疗服务[1]。在人体上可安放多个传感器，此类节点构成单个 WBAN。每个 WBAN 拥有一个被称为个人服务器（PS）的中心实体。PS 负责从传感器收集数据，并作为网关。PS 可与 RBS 进行直接或多跳连接。WBAN 中的通信分为两种类型：内部通信（intra-WBAN）和间通信（inter-WBAN）。内部通信是指单个 WBAN 内传感器之间的通信，而间通信则是指多个 WBAN 之间的通信。传感器收集的信息被发送到位于医院的远程医疗服务器。WBAN 间通信为患者提供了进行日常活动时的动态接入，如在家、办公室、市场或运动场移动。在这种情况下，人体上的传感器可能在也可能不在接受 RBS 信号的范围内。因此，需要多个 WBAN 进行合作，通过逐跳通信来连接 RBS。RBS 负责将信息通过互联网传输到医疗服务器。WBAN 能够通过早期检测患者的危急状况来保护生命。WBAN 的性能对许多人的生命至关重要，而路由策略是提高网络效率的关键。存在多种 BAN 间和 BAN 内通信的路由机制。

每个 WBAN 都需要通过网关连接到外部网络，该网关可以是移动设备、计算机系统或路由器，其能够建立 WBAN 间节点和外部互联网的连接。当 WBAN 由于某种因素无法访问网关设备时，就会出现问题。这在拥挤的地区很常见，如在进行国际比赛的体育场或国际活动中，大量人员同时访问同一网络并分享照片和视频，导致网络性能下降。尽管现代蜂窝网络提供了高效的网络服务，但在某些情况下仍然不足以应对大量用户的需求，这就是为什么警察、消防员和急救医疗技术人员会使用独立的公共安全无线电系统。该系统运行在 800MHz 频段下的不同区段，包括 806～824MHz 及 851～869MHz。另一个场景是战场，并不是每位士兵都能访问接入点，如图 3.1 所示。

在这些情况下，WBAN 间的通信变得至关重要。因为 WBAN 由低功耗节点构成，我们需要一种高效的能耗路由

图 3.1　基站无法覆盖所有 WBAN

技术。聚类技术是实现高效路由的解决方案之一，其中簇头节点负责传输多个 WBAN 的数据。网络的效率与簇的生命周期密切相关。本章提出了一种基于进化算法的簇形成优化技术。各簇头节点（CH）充当多个 WBAN 的簇成员（PS）与外部网络之间的网关。簇头节点是基于其适应度进行选择的。

3.2 文献综述

鉴于患者的生命依赖 BAN 间或 BAN 内网络传输的数据，数据的安全性至关重要。研究人员提出了多种技术，其中包括在单一身体上的传感器节点间形成簇，目的是在第一级传输中有效利用节点能量。相对地，在不同 WBAN 的 BAN 间节点形成簇，旨在实现第二级传输中的高效逐跳路由。Sriyanijnana 等人提出了一种多跳路由协议，其在能耗、数据包传输率（PDR）和网络生命周期方面表现优异 [2]。网络中部署了一定数量的固定节点。为选择转发节点，基于与协调节点的距离、传输范围、剩余能量及接收器的速度向量来定义一个成本函数。DSCB 使用双汇聚方法 [3]，该聚类机制同样采用双汇聚方法，并利用成本函数选择转发节点。转发节点的选择基于从汇测量的节点距离、剩余能量和传输功率。这种聚类机制在网络可扩展性、能效和端到端延迟方面表现更佳。

文献 [4] 提出了平衡能耗（BEC）协议。在本协议中，中继节点的选择基于与汇之间距离的成本函数。为了均匀分配负载，每个中继节点都将被用于特定轮次。靠近汇的节点可直接将数据发送到汇，否则数据将传递给最近的中继节点。其还设定了剩余能量的阈值，只有满足阈值的节点才会向汇发送关键数据。模拟研究显示，该方法在网络生命周期方面表现更佳。异构 WBAN[5] 尝试通过另一项技术实现更好的能耗吞吐量。其同样按照剩余能量、数据速率及与汇的距离来选择中继节点。每个 WBAN 的关键要求都是最小化延迟并提高能效。为改进 WBAN 中的聚类，文献 [6] 提出了一种负载平衡和位置自适应技术。为了选择簇头节点，作者采用了概率分布法。文献 [7] 提出了一种集中式聚类方法，旨在优化 WBAN 中的能耗。其设计了基于簇树的结构，以形成均匀的簇。

文献 [8] 中部署了一种自适应路由协议。利用通道/链路信息来选择最佳的中继节点，减少单位比特的能耗。发送节点仅在链路质量达到预定义阈值时通过节点将数据发送到汇，否则直接将信息传输到汇。奥马尔·斯迈尔等人为 WBAN 提出了一种高效的路由协议[9]。他们利用剩余能量来延长网络生命周期。该方法用于选择能效稳定的链路。文献 [10] 中提出了一种模糊自适应路由协议。其采用聚类机制直接与汇节点通信，并在转发决策中考虑关键性和位置。文献 [11] 提出了另一种路由协议，路由由移动汇管理，并在许多不平等的簇中寻找最短路径。这确保避免了网络中的能量洞问题，并证明了这种聚类技术表现良好。文献 [12] 提出了一种用于 WBAN 间和 BAN 内的安全的基于簇的策略。对于 WBAN 内部，其用于生成成对（PV）密钥。PV 的优势在于发送端和接收端生成的密钥相同，且由于人体的高动态特性，生成的 PV 随时间变化而变化。在 BAN 间的通信中，基于剩余能量和距离两个参数形成簇。能量较多的节点更可能形成簇，同样，离 RBS 更近的节点成为簇头节点的可能性更高。其他作者也在 WBAN 中使用了遗传算法[13-16]。文献 [17] 提出了一个虚拟簇的概念，其在 BAN 内部节点之间形成簇。尽管 BAN 内部节点彼此相距不远，但由于传感器节点的能量限制，因此应用这项技术取得了显著的效果。

3.3　聚类技术

通过构建持久的聚类，可减少频繁的路径搜索需求。我们考虑的是存在多个 WBAN 的场景。我们设想的不是每个 WBAN 都直接连接到 RBS，而是某些 WBAN 不在 RBS 的覆盖范围内。每个 WBAN 由一个 PS 和多个传感器节点组成。传感器节点收集数据并将其传输给 PS，PS 则负责数据的进一步转发。在本技术中，来自不同 WBAN 的 PS 节点会组成簇。各簇包括一个簇头节点及其周围的簇成员。簇头节点是在其所属簇中的 WBAN 中挑选出的 PS。现在，所有其他的 WBAN 将与簇头节点相连，不同 WBAN 的多个簇头节点可以进行多跳通信，这样就可将数据传递到最近的接入点（AP）。

我们的通信可划分为以下层次结构：

- 传感器节点到 PS。
- PS（簇成员）到簇头节点。
- 簇头节点到 RBS。

图 3.2 展示了聚类技术的实际运作方式。属于簇 A 的 WBAN 及其簇头节点不在 RBS 的覆盖范围内。但是，簇 B 位于 RBS 附近，因此能够与 RBS 通信。

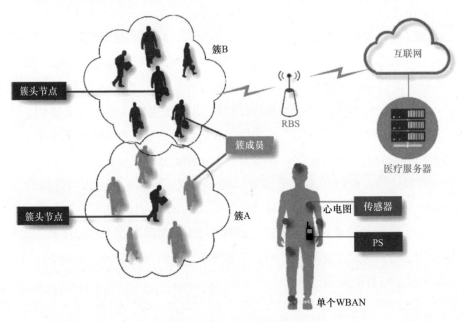

图 3.2　WBAN 间聚类

在这种情况下，簇 A 需要簇 B 的协助。簇 A 的成员与其簇头节点直接连接，其簇头节点可进一步与簇 B 的簇头节点建立连接。这是一种简单的簇间通信机制。

为了在我们的目标方法中形成簇，我们采用了进化算法。这些受自然界启发的算法能够产生多种解决方案，并从中选择最有效和最优化的方案。对于 NP 难题，没有已知的多项式时间算法，因此寻找解决方案的时间随问题规模的增加而指数级增加。为解决此类问题，我们定义了一个期望的标准，以确定我们的算法应该何时终止。我们定义的问题（WBAN 间的簇）也是一个 NP 难题，因为我们需要在多个节点和多个参数中找到最优的簇。大多数现实世界的问题可能需要实现多个目标，这些目标在性质上可能各不相同。

多目标问题需要同时进行优化。各目标都通过其特定的目标函数来实现。此类目标函数以不同的单位进行衡量，通常是相互冲突和竞争的。例如，假设我们想购买一张既便宜又快速到达目的地的火车票，众所周知，便宜的票价意味着铁路服务质量可能会降低，会在每个站点都停靠，从而花费更多时间，而价格较高的火车票可能意味着路上花费的时间更短。具有冲突目标的多目标函数增加了最优解，因为没有任何单一的解决方案能够最佳地满足所有目标。此类解决方案可分类为支配集和非支配集，流程如图 3.3 所示。

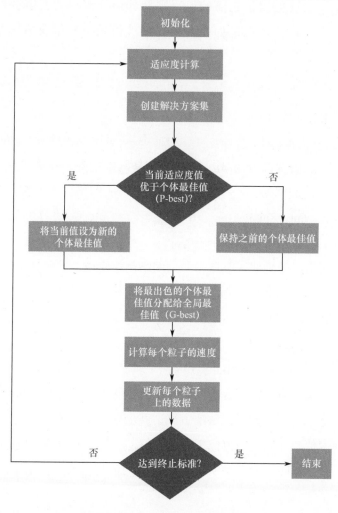

图 3.3　本章所提方案流程图

1. 适应度计算

进化算法用于寻找不同的解决方案。各解决方案通常表示为一串二进制数字（染色体）。为了找到最佳解决方案，需要对所有此类解决方案进行测试。为此，我们需要确定各解决方案的得分，以便了解它与整体指定的期望结果有多接近。得分是采用适应度函数生成的。

2. 局部最佳/全局最佳

我们计算两个值：局部最佳值和全局最佳值。局部最佳值是个体的，如果个体的速度当前值优于先前的值，则局部最佳值将被新值替换；否则，保持不变。全局最佳值也是如此。全局最佳值是所有解决方案集中的最佳值。

3.4 实施步骤

我们的算法由两部分组成。第一部分是网络创建，在这里我们指定了基本参数。我们的网络是一个 1km×1km 大小的网格。我们指定了传输范围为 2m、4m、6m、8m 和 10m，并交替运行，节点数量为 50 个、100 个、150 个、200 个、250 个和 300 个不等。

我们在网格上随机部署节点。一旦网络创建完成，进化算法就开始寻找最优簇。在我们的实验中，我们使用了三种算法：

- 综合学习粒子群优化（CLPSO）。
- 蜻蜓算法（DA）。
- 多目标粒子群优化（MOPSO）。

最好的簇头节点是能够提高网络效率和网络寿命的节点。可根据定义的参数进行选择。为了找到最优解决方案，我们对比每个节点的当前适应度值与新的适应度值，如果当前值优于先前的值，则先前的值被新值替换；否则，保持不变。图 3.4 展示了本章所提解决方案的流程。表 3.1 给出了定义的模拟参数。

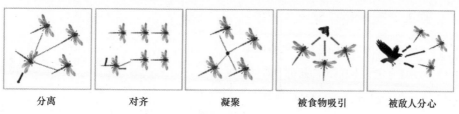

| 分离 | 对齐 | 凝聚 | 被食物吸引 | 被敌人分心 |

图 3.4　蜻蜓之间的原始矫正模式

表 3.1　模拟参数

参　　数	值
种群大小	100
最大迭代次数	150
下限（lb）	0
上限（ub）	100
维度	2
传输范围 /m	2, 4, 6, 8, 10
节点 / 个	50, 100, 150, 200, 250, 300
移动模型	自由移动模型
W1	0.5
W2	0.5

蜻蜓的主要目标是生存。因此，它们受食物吸引并可能被敌人分散注意力[18]。位置更新的五个主要因素如图 3.4 所示。对齐公式如式（3.1）所示。

$$X_+ - X \tag{3.1}$$

蜻蜓算法具体如算法 3.1 所示。文献 [18] 给出的凝聚计算公式如下：

$$C_i = -X \tag{3.2}$$

食物消耗为[18]

$$X^+ - X \tag{3.3}$$

式中，X^+ 为食物源的位置，X 为个体的当前位置。

敌人分散注意力为[18]

$$X^- - X \tag{3.4}$$

式中，X^- 为敌人的位置。

27

算法 3.1　蜻蜓算法

（1）　　在网络中随机初始化 WBAN

（2）　　定义 WBAN 的随机方向

（3）　　初始化各 WBAN 的速度

（4）　　在节点之间创建网状拓扑

（5）　　为所有蜻蜓初始化相同的半径

（6）　　计算所有 WBAN 之间的距离，归一化并将距离值与相应节点关联

（7）　　FOR（迭代 =1）从 1 到 10

（8）　　　　可用于簇形成的节点 = 所有节点

　　　　　　a）WHILE（节点可用于聚类！= 空）

　　　　　　b）结束 WHILE 循环

（9）　　　　FOR 蜻蜓（i）= 从 1 到总种群

　　　　　　a）源（食物/敌人）= 空，食物源成本 = 无穷大，敌人源成本 = - 无穷大

　　　　　　b）计算蜻蜓的目标值

　　　　　　c）更新半径

　　　　　　d）更新源（食物和敌人）

　　　　　　e）更新权重

（10）　　END FOR

（11）　　FOR 蜻蜓（i）= 从 1 到总种群

　　　　　　a）FOR 蜻蜓（i）= 从 1 到总种群

　　　　　　　　i）更新邻近半径

　　　　　　b）END FOR

　　　　　　c）计算分离、对齐、凝聚、敌人和食物权重

（12）　　IF 邻居！=0

　　　　　　a）速度更新

　　　　　　b）位置更新

（13）　　ELSE

　　　　　a）莱维飞行

（14）　　　　END IF

（15）　　　　END FOR

（16）　　　　最佳成本 == 食物适应度

（17）　　END FOR

（18）　　IF 不在簇中的节点 >20%

　　　　　a）转到行号 #1

（19）　　ELSE

　　　　　a）输出

（20）　　END IF

3.5　结果和仿真

　　实验在 1km×1km 的网格上进行。每个节点的通信范围为 2m、4m、6m、8m 和 10m 不等。为确定簇的数量，我们保持每个通信范围内节点数量的一致性。节点数量从 50 个、100 个、150 个、200 个、250 个至 300 个不等。本章所提算法针对各通信范围找到了一个优化的解决方案。在所有解决方案中普遍观察到的现象是，较小的通信范围会导致更多的簇数量，这是因为当通信范围较小时，节点的覆盖区域较小，只有少数其他节点在附近。因此，当通信范围较小时，簇数量增加，而簇成员的数量较少。对比综合学习粒子群优化、蜻蜓算法和多目标粒子群优化，图 3.5（a）展示了 50 个节点的簇形成情况。在最小的通信范围（2m）下，三种算法均未形成簇。但随着通信范围的增加，簇开始形成。如图 3.5（a）所示，在 4m 的通信范围下，综合学习粒子群优化给出了最差的结果，簇头节点的数量最多；在 6m 的通信范围下，多目标粒子群优化表现最差；在 8m 的通信范围下，综合学习粒子群优化再次形成了最多的簇。综合学习粒子群优化和多目标粒子群优化之间的差异见图 3.5（a）。蜻蜓算法在所有通信范围内均给出了最佳结果，簇头节点的数量最少。通过查看图 3.5，我们可以看到蜻蜓算法在所有通信范围内均给出了最佳结果，簇头节点的数量最少。综合学习粒子群优化和多目标粒子群优化的结果存在细微差异。

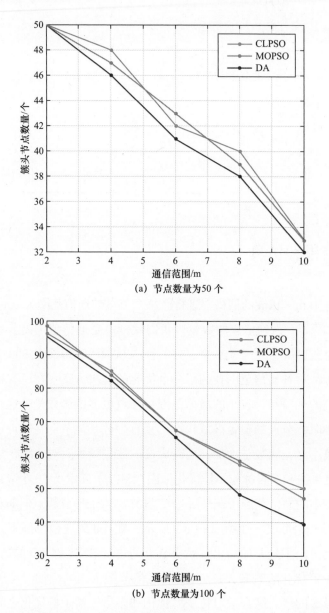

(a) 节点数量为50 个

(b) 节点数量为100 个

图 3.5　通信范围与簇头节点数量（50 个、100 个、150 个、200 个）的关系

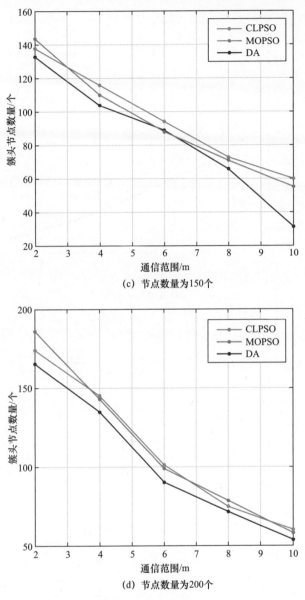

图 3.5　通信范围与簇头节点数量（50 个、100 个、150 个、200 个）的关系（续）

图 3.6 展示了 250 个和 300 个节点的结果。从图 3.6（a）和图 3.6（b）中都可以看到，蜻蜓算法在节点数量较多时给出了非常有效的结果。在 2m、4m 和 6m 的初始通信范围下，蜻蜓算法的性能与综合学习粒子群优化和多目标粒子群优化存在显著差异。

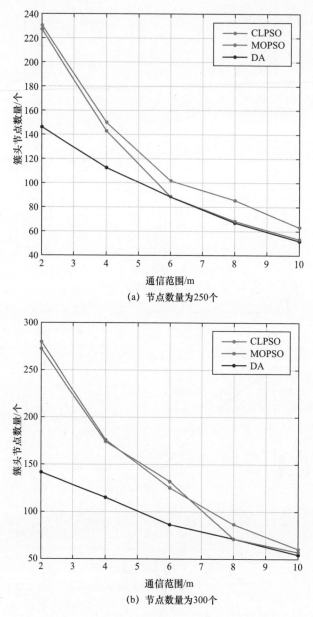

图 3.6　通信范围与簇头节点数量（250 个、300 个）的关系

　　当通信范围增加到 8m 和 10m 时，多目标粒子群优化也在尝试追赶蜻蜓算法的效果。但如果我们分析整体结果，蜻蜓算法还是最佳算法。其在几乎所有的节点数量和通信范围内形成了最少数量的簇。

3.6 结论

WBAN 通过其持续的监控和数据传输机制保护患者的生命。在 WBAN 中，负载平衡最重要的方法之一是聚类，其为传感器节点的能量优化提供了一种实际可行的方法。我们使用进化算法设计了一种簇形成技术。优化的聚类是指将网络中的节点以最有效的方式进行分组。我们还需要尽可能少且在网络上持久存在的簇数量。我们还分析了综合学习粒子群优化、蜻蜓算法和多目标粒子群优化的性能差异。我们的实验表明，蜻蜓算法的整体性能在所有三种算法中最为高效，因为其形成了最少的优化持久簇。

本章原书参考资料

1. Adhikary, S., Choudhury, S., Chattopadhyay, S., A new routing proto- col for WBAN to enhance energy consumption and network lifetime, in: *Proceedings of the 17th International Conference on Distributed Computing and Networking*, ACM, 2016.

2. Ali, A. and Khan, F. A., Energy-efficient cluster- based security mechanism for intra-WBAN and inter-WBAN communications for healthcare applications. *EURASIP J. Wirel. Comm.*, 2013, 1, 216, 2013.

3. Chang, J. -Y. and Ju, P. -H., An energy-saving routing architecture with a uniform clustering algorithm for wireless body sensor networks. *Future Gener. Comput. Syst.*, 35, 128–140, 2014. *Intelligence in Data Mining*, pp. 793–801, Springer, Saudi Arabia, 2017.

4. Kachroo, R. and Bajaj, D. R., A novel technique for optimized routing in wireless body area network using genetic algorithm. *J. Netw. Commun. Emerg. Technol.* (*JNCET*), 2, 2, www. jncet. org, 591–628, 2015.

5. Kim, T. -Y. *et al.*, Multi-hop WBAN construction for healthcare IoT systems, in: *2015 International Conference on Platform Technology and Service*, IEEE, 2015.

6. Kumar, P. and Sharma, A., Data Security Using Genetic Algorithm in Wireless Body Area Network. *Int. J. Adv. Stud. Sci. Res.*, 3, 9, 675–699, 2018.

7. Maskooki, A. *et al.*, Adaptive routing for dynamic on-body wireless sensor networks. *IEEE J. Biomed. Health*, 19, 2, 549–558, 2014.

8. Mirjalili, S., Dragonfly algorithm: A new meta-heuristic optimization tech- nique for solving single-objective, discrete, and multi-objective problems. *Neural Comput. Appl.*, 27, 4, 1053–1073, 2016.

9. Movassaghi, S. *et al.*, Wireless body area networks: A survey. *IEEE Commun. Surv. Tutor.*, 16, 3, 1658–1686, 2014.

10. Nayak, S. P., Rai, S., Pradhan, S., A multi-clustering approach to achieve energy efficiency using mobile sink in WSN, in: *Computational.*

11. Sahndhu, M. M. *et al.*, BEC: A novel routing protocol for balanced energy consumption in Wireless Body Area Networks, in: *2015 International Wireless Communications and Mobile Computing Conference (IWCMC)*, IEEE, 2015.

12. Singh, K. and Singh, R. K., An energy efficient fuzzy based adaptive routing protocol for wireless body area network, in: *2015 IEEE UP Section Conference on Electrical Computer and Electronics (UPCON)*, IEEE, 2015.

13. Singh, S. *et al.*, Modified new-attempt routing protocol for wireless body area network, in: *2016 2nd International Conference on Advances in Computing, Communication, & Automation (ICACCA) (Fall)*, IEEE, 2016.

14. Smail, O. *et al.*, ESR: Energy aware and Stable Routing protocol for WBAN networks, in: *2016 International Wireless Communications and Mobile Computing Conference (IWCMC)*, IEEE, 2016.

15. Suriya, M. and Sumithra, M., Efficient Evolutionary Techniques for Wireless Body Area Using Cognitive Radio Networks, in: *Computational Intelligence and Sustainable Systems*, pp. 61–70, Springer, Switzerland, 2019.

16. Ullah, Z. *et al.*, DSCB: Dual sink approach using clustering in body area network. *Peer Peer Netw. Appl.*, 12, 2, 357–370, 2019.

17. Umare, A. and Ghare, P., Optimization of Routing Algorithm for WBAN Using Genetic Approach, in: *2018 9th International Conference on Computing, Communication and Networking Technologies (ICCCNT)*, IEEE, 2018.

18. Yadav, D. and Tripathi, A., Load balancing and position based adaptive clustering scheme for effective data communication in WBAN healthcare mon- itoring systems, in: *2017 11th International Conference on Intelligent Systems and Control (ISCO)*, IEEE, 2017.

第4章
新时代企业转型的变革性技术

哈姆祖尔·哈克·安萨里[*]、莫妮卡·梅罗特拉

摘要： 在管理领域，伴随着市场环境的不断变化，企业转型孕育而生，其核心在于改变商业运作方式以适应此类变化。城市化在市场环境的转变中扮演着关键角色，随着大量人口从农村迁移到城市，城市化对市场动态产生了显著影响。因此，我们迫切需要实现自动感知城市动态并提供关键信息，以增强智慧城市的可持续性。技术在简化生活、提高工作效率及在有限的时间内创造更多收入方面发挥着至关重要的作用。随着我们向智慧城市概念迈进，企业转型的最新趋势要求对技术进行重大变革。尽管最新技术会带来大量的好处，但我们仍需应对诸如能源节约、银行交易安全系统等不同领域的挑战。

关键词： 物联网、智慧城市、数字化转型、企业转型

4.1 引言

在当前形势下，无论是小型还是大型商业组织，都在通过改变商业运作方式来适应市场环境的持续变化，实现企业转型。城市化是市场环境转变中企业转型的一个主要因素，因为大量人口从农村迁移到城市，并且越来越多的人对市场、产品和服务有了更深的了解。因此，我们迫切需要创新技术，这些技术能够自动感知城市动态并提供改进商业流程的必要信息，这些流程对于维持和增加商业组织的收益至关重要，进而也有助于组织的可持续发展。企业转型对于每个组织在市场上的持续发展都是一个巨大挑战。技术在

---

* 印度新德里国立伊斯兰大学计算机科学系研究实验室，邮箱：shamsshamsul@gmail.com。

简化生活、提高工作效率及在有限的时间内创造更多收入方面发挥着至关重要的作用[1]。

技术使组织能够在市场竞争环境中与竞争对手并驾齐驱。企业转型有多个目标，包括扩大市场份额、提高客户满意度和降低成本。客户满意度是任何组织都必须持续关注的一个重要商业维度。在过去的几十年里，我们使用的是传统的商业系统，竞争相对较少，而现在的情况则完全相反[2]。

几乎在每个行业，我们都得到了最新技术的支持，如物联网、人工智能、区块链等。例如，在医疗保健系统中，我们可以远程监控病人，通信技术在 Wi-Fi 连接、ZigBee 等方面发挥着重要作用。这种通信媒介也用于跟踪资产、远程工作者和通过 GPS 协助的运输行业。在当前趋势中，我们使用 RFID 标签来识别或监控设备、患者、宠物及跟踪卡车等，这使我们的工作更加方便。在教育系统中，流程的现代化使学习变得更加容易，这得益于电子学习资源、智能课堂及各种教学和学习辅助工具的使用，如视听辅助工具等[3]。各种商业，无论是制造视听辅助工具还是提供服务，在教育系统中都发挥着重要作用。这提高了教育过程的生产力[4]。此外，我们还拥有对研究和开发的技术支持。在汽车行业，有各种方案可用于避免碰撞、管理车队、建立智能工厂、制造智能家居等。在媒体/娱乐方面也有很多选择，如机顶盒、智能手机、智能电视、自助服务、智能家居网关等。像 IBM、CISCO 这样的公司正在投入大量资金孵化技术，这有助于智慧城市概念的实施[5-6]。

转型已成为当今的一个流行词，其被用于通过各种方式来顺利运行组织，使流程更简单、生产力更高。企业更新中心在 INSEAD 组织了一次会议，在会议上企业转型被定义为"导致行为基本转变或由行为基本转变引起的组织逻辑基本变化"[7]。在详细定义转型时，给出了以下四种概念：

- 重新设计：一种通过重新设计商业流程来提高组织效率的技术，使组织能够自我校准，为未来做好准备，并提高其市场份额和利润率。
- 重组：当组织的商业模式由于某种因素发生变化时，就需要重组，以确保组织的生存和最终的增长。其降低了成本，强调了主要项目，采用了最新技术，适当利用了可用资源等，同时，也可能涉及与其他公司的合并。

- 更新：这是一个持续的、知识导向的过程，因为组织经常面临各种变化，其中一些具有让组织运营发生重大战略变化的潜力，这是组织需要面对的稳定性影响因素。例如，当市场上出现新技术时，必须审查策略，以确定组织能否通过采用该技术而受益。

- 再生：这是一种使组织能够进行自身复制的技术，以便在经验丰富的员工离职时吸纳新员工，并引入新员工的能力和新视角。在当今世界，组织不断变化，因此必须面对再生的挑战。再生策略通过改进现有商业流程，为组织提供了新的机会和方法[7-8]。

正如我们所观察到的，人们越来越倾向于在线购物，以节省时间，并在家门口享受竞争激烈的市场环境所带来的高质量产品或服务，这促使许多企业开始采取行动，从传统系统向企业转型迈进。下面我们将探讨数字化转型及支持这一转型的各种技术和挑战。在印度，我们也在朝着智慧城市概念的实施迈进，这需要创建一个智能化的环境，其中大多数流程可以实现自动化[9]。

4.2　数字化转型及其主要趋势

4.2.1　数字化转型

数字化转型已成为市场领导者的首选策略，他们采纳新技术以为客户提供更多价值，增强员工能力，并满足其他利益相关者的需求。数字化转型涉及对组织的商业流程、IT 运营和企业文化进行根本性的改革。其利用市场上的数字技术来设计和实施流程，提高组织的效率和价值。其核心目标是利用最新技术，不仅是数字化复制现有服务，而且是通过技术将这些服务转变为更优秀的改进型替代品。在数字化转型的过程中，可以采用多种最新技术，包括云计算、物联网、区块链、大数据、数据分析和人工智能。在竞争环境中，基于数字化转型的项目对大型组织与快速、纯粹的数字竞争对手开展竞争具有重大意义。其他小型商业组织也在朝这个方向努力，因此，新技术的使用日益增多。

4.2.2 数字化转型有多重要

国际数据公司（IDC）的调研显示，截至 2017 年，全球在硬件、软件和服务等数字化转型所需技术方面的投资总额已达 1.3 万亿美元。IT 分析公司高德纳（Gartner）对商业领袖的商业和技术问题进行了一项调查，约有 460 名包括首席执行官和高层管理人员在内的商业领袖参与了此项调研。图 4.1 展示了 2018 年和 2019 年首席执行官的首要商业优先事项。62% 的高管表示，管理层已经采取了主动措施或制订了转型计划，以推动业务的数字化转型。超过半数（约 54%）的高管认为他们所在企业数字化的目标是全面转型，而 46% 的高管认为管理层采取行动的目的是进行业务优化。表 4.1 以表格形式清晰地展示了此类数据，以便进行分析。大约一半的高管认同应以业务优化为目标。

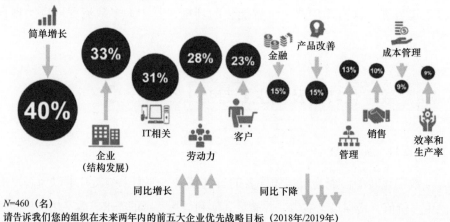

图 4.1 2018 年和 2019 年首席执行官的首要商业优先事项

表 4.1 460 名高管给出的各种组织转型目标

序号	回答问题的高管百分比 /%	回答问题的高管人数 / 人	目 标
1	62	285（大约）	让业务更加数字化
2	54	248（大约）	全面转型
3	46	212（大约）	业务优化

4.2.3　数字化转型案例

随着客户需求的日益增长，企业正努力满足这些期望。如今，消费者比以往任何时候都更容易找到满足需求的替代品。因此，企业必须付出更多努力，才能确保客户忠诚度。只有通过数字化转型来满足客户需求，企业才能实现这一目标。各行业都需要拥抱数字化，适应新的数字化世界。以下是一些成功实现数字化转型的大型企业案例。

（1）多米诺比萨：这是一个典型的以客户为中心的运营流程设计的案例。披萨追踪系统使客户能够参与公司的运营流程，实时了解披萨在制作过程中所处的确切阶段。公司提供 30 分钟送达的保证，并通过应用程序让客户跟踪订单状态，从而提升客户满意度。

（2）沃尔玛：沃尔玛成功地重新定义了与客户互动的方式，被哈佛商业评论评为"数字赢家"。

（3）迪士尼：迪士尼通过在公园中引入 RFID 技术，实现了全面数字化，通过识别游客的门票或通行证，并与无线系统共享信息，游客体验将更加便捷。

（4）麦克德莫特国际：石油和天然气行业需要大量重型机械，因此正在经历转型。该公司为客户创建了石油和天然气设施的数字化模型，即所谓的数字孪生。该公司预计，通过使用数字孪生技术，特别是在预测性维护等主要领域，运营利润将提高 15%。数字孪生是物理资产、流程、人员、地点、系统和设备的数字副本，可用于多种目的。

（5）劳斯莱斯 R^2 数据实验室：劳斯莱斯 R^2 数据实验室运用数据分析、人工智能和机器学习等概念，创造了多种创新服务。劳斯莱斯 R^2 数据实验室的团队由数据架构师、经理、工程师和科学家组成，他们通过发动机健康监测服务，帮助公司在 12 个月内创造了约 2.5 亿英镑的收入。

（6）物流：物流行业的联合包裹服务公司（UPS）正在积极运用数据分析，密切关注核心商业运营。该公司正在发挥数据分析和人工智能在实时数据上的优势，帮助员工做出更明智的决策。UPS 最近推出了一款聊天机器人，利用人工智能帮助客户查询运费和跟踪包裹状态。

（7）输血和移植：在公共部门，如国家卫生服务体系（NHS），过去两年一直在努力推动数字化转型。这些部门完成了多项试验，包括运用预测性分析和管理器官移植的等待时间。确保患者能够及时获得器官是医疗保健领域的一个主要关注点。

（8）通用电气：事实上，并非所有与数字化转型相关的策略都会带来相同的成功。该公司在将传统系统与基于软件的新系统集成方面付出了巨大努力。在数字化转型方面，该公司推出的产品不仅比计划时间更晚，还缺少客户需要的功能。公司存在诸如投资决策不当、领导层重大变动等问题。一些人认为该公司的失败是因为其未能关注关键的改进领域。目前，通用电气正在积极努力，专注于重新设计其数字战略。

（9）银行：在过去几十年中，银行业的服务发生了巨大变革。银行自动取款机（ATM）已经大幅取代了银行出纳员提供现金存款、取款或支票存款服务。随着智能手机在我们社会中的广泛使用，大多数银行交易现在都通过移动应用程序完成，而不需要亲自到银行办理。用户可以通过 NEFT、IMPS 等安全方式进行转账。这一切都是因为银行业采取了数字化转型的措施。

（10）保险：大部分与保险相关的业务现在可以通过自助服务门户或移动应用程序完成。用户可以比较和定制市场上的保险计划，而无须依赖保险代理人。保险可能涵盖汽车、人寿、健康、商业或家庭等多个领域。用户可以在像 policybazaar 这样的单一平台上探索各种方案。

4.2.4　数字化转型的重要性

数字化帮助商业领袖和企业家改变公司的现有经营模式，这种变化体现在各个方面。Amazon 对零售业产生了巨大影响，而 Facebook 通过即时为用户提供服务改变了出版业。因此，传统公司正面临来自具有极强数字化意识的竞争对手的挑战。然而，近四分之三的商业领袖意识到他们的组织可能因分心而受到威胁，因此一些商业领袖对变革持保留态度。

4.2.5　数字化转型与企业转型

企业转型的过程正在加速，这得益于市场上各种数字技术的帮助。将数字化转型融入企业，不仅包括应用技术提高流程的数字化程度，还包括员工可以使用不同的工具及与团队合作的方式。因此，数字化是推动企业转型的一种手段。毕马威首席信息官咨询委员会全球负责人丽莎·赫尼根表示："我们不再有单独的 IT 或商业策略；相反，我们有一个统一的数字商业策略。"

4.2.6　数字化转型意味着什么

无论是物联网、人工智能、大数据还是云计算，这些前沿技术都在协助各类商业领袖开发新业务模型，而这些模型正在改变传统的商业运作方式。此类技术不只是当前的热门词汇，它们在优化产品、提升生产效率和解决运营效率挑战方面带来了实际价值。因此，我们可以说数字化转型是我们所需要的，也是许多仍在使用传统系统的高管们正在努力学习的概念。尽管初创公司通过创新工作方式、创造性使用数据和整合最新技术取得了成功，但许多传统企业和包括公共及私营部门在内的组织在使用传统系统方面仍面临困难。这些组织固守它们的政策和流程，而不是依靠信息和洞察力。在市场上行动迟缓的公司正逐渐在竞争中落后。高德纳指出："三分之二的商业领袖认为，他们所在的公司必须加快数字化步伐，以保持竞争力"。然而，加快发展步伐是相当困难的。"数字化"通常被视为只有少数专家才能理解的复杂技术。在许多情况下，企业家通过高薪聘请顾问来填补这种知识空白，这些顾问将数字化转型的宣传作为可衡量的商业价值的替代品。

4.3　转型性技术

在当前情境中，我们看到技术正在出现、复兴并融合。全球组织都在尝试通过整合和实际应用基于技术的创新商业模式来超越竞争对手，以脱颖而出。在 2019 年毕马威进行的技术行业创新调查中，物联网被评为未来三年企业转型最重要的驱动力。无论是可穿戴健康设备、智能家居还是智慧城市，在当前情境下都被视为"智能"，它们与各种设备和应用程序相连，以相应地协助客户。

4.3.1 物联网

物联网是数字化转型所需的关键技术中需求最大的技术之一。随着网络中各种传感器和设备数量的增加，数据也呈指数级增长。此类存储的数据也可通过数字技术用于企业转型。微型传感器的使用改变了世界，其允许进行丰富的信息收集和建立有序的系统。制造业和零售业等行业已经利用物联网设备和其他智能工具打造了卡车、仓储服务和工厂，这些工具和设备可以一起使用，提供有关如何使用它们的信息，并指明如何进行优化。

工业物联网也是一个重要的术语，已经成为独立领域内的专有技术，其允许组织收集关于其机器本身的数据，然后使用基于机器学习或人工智能的工具来分析这些数据并相应地提供建议。此类系统可以用来提高工作场所员工的安全性，并突出显示可以降低成本的领域。组织可以分析和发现薄弱环节，以及限制服务中断或在问题发生前处理问题。

4.3.2 机器人流程自动化

机器人流程自动化（RPA）是一种新兴的技术，其允许人们配置软件或"机器人"来集成人类与数字化系统交互的各种操作，以推进业务流程的运行。RPA 界面用于收集数据和像人类一样操作应用程序。RPA 中的软件机器人可以协助自动化执行业务流程中的人工活动。RPA 被视为智能自动化的基本步骤，其利用了机器学习和人工智能真正的优势。在全球范围内，各种与办公相关的基本任务正由软件机器人执行，它们甚至参与了决策过程。RPA通过将人类的能力融入机器，提高了系统的性能。

4.3.3 自动化和人工智能

Forrester 最近指出，全球组织正越来越多地转向自动化，以完成过去由人类执行的多样化任务。这一转型正从根本上重塑劳动力结构，引发了对未来十年可能发生的大规模失业的担忧。然而，自动化和人工智能也在多个方面为企业带来积极的影响。在制造业中，机器人正在执行复杂、关键、耗时的任务，同时确保工人远离可能影响他们健康的岗位。自动化技术也被应用于客户服务等领域，许多公司现在利用自动化系统进行客户的基本信息查询操作和处理投诉。组织正在采用人工智能来处理从安全到人力资源等各个方面的工作，这使得计算机能够承担那些成本高昂或烦琐的任务。尽管自动化和人工智能带来了不确定性，但近期的评论显示，人们对于采用自动化和利用机器人来处理烦琐任务持开放态度。

4.3.4　区块链

数字化转型已不再是一种选择，而是企业在当前竞争激烈的市场中生存的必要条件。作为一种新兴技术，区块链有潜力在未来几十年内为企业转型带来重大变革。区块链技术最初作为比特币革命的一部分，目前是一项有望以多种方式改变商业的前途光明的技术。其几乎影响了每个行业、每家需要商业流程有序化的企业。尽管区块链最初作为加密货币而受到批评，但如今由于广泛的应用潜力，其正处于初步实施阶段。银行和其他金融机构已经开始利用区块链技术来简化流程，如贷款申请。加拿大的一个银行集团利用区块链技术赋予个人更多权力，使他们能够访问金融机构收集的数据。许多行业已经开始探索这项技术的有效性，其对供应链管理产生了显著影响。零售巨头如沃尔玛和快餐业巨头如麦当劳现在使用区块链来追踪材料及食品的供应链。

IBM 是区块链领域的知名领导者，近期获得了巴西的"区块链系统开发"项目，该项目旨在管理国家的出生和死亡记录。

Google、Facebook、Twitter 和 Amazon 等领先公司对我们的社会产生了深远的影响，它们通过革命性的创新改变了人们的沟通、思考方式，以及在线订餐或预订出租车等行为。大量专业社群，包括科学家、开发人员和研究人员，为成功实施旨在满足人类几乎所有需求的新技术做出了重要贡献。

4.3.5　云计算

近期，云计算的概念已经彻底打破了基础设施的限制，极大地增强了各类企业的潜力，无论是小型企业还是大型企业。企业不再需要投资昂贵的 IT 基础设施或承担维护成本。根据 TechRepublic 的调查，大约 70% 的公司正在使用或计划在未来使用云服务。企业能够将大量服务迁移到云端，并能够轻松地管理这些服务。在业务扩张时，基础设施的扩展不再是一个问题。云服务的低成本也促使更多企业采纳这一技术。因此，即使是规模较小的企业也能够访问到之前难以触及的工具。Amazon 云科技（AWS）、Google、Microsoft 和阿里巴巴是市场上较大的云计算服务提供商。依托云计算的不同模式，如基础设施即服务（IaaS）、平台即服务（PaaS）和软件即服务（SaaS），云计算正在迅速普及，并有望成为未来十年的主要技术之一。Forrester 的报告指出，四大云计算服务提供商将占据总价值 754 亿美元的云基础设施市场 75% 的份额。

4.3.6　智能手机和移动应用

在技术迅速变革的当下，智能手机作为一种创新设备，已经极大地推动了技术的发展。智能手机的普及使移动用户数量激增，并使人们能够更容易地连接到网络。智能手机的普及也推动了移动应用开发的新浪潮，这些应用已经成为我们日常生活的一部分。例如，Uber 和 Ola 已经成为人们的口头禅，而像 Zomato 和 Swiggy 这样的食品配送应用也广受欢迎。人们使用移动应用来管理他们生活的方方面面，包括使用日历平台、搜索引擎、健身助手和语音备忘录程序。智能手机的广泛使用还改变了人们的交流方式。WhatsApp、Signal 和 Facebook Messenger 等移动应用已成为数十亿人的首选交流方式，使他们能够在几秒内发送安全消息、图片、视频和语音消息。Google 地图和其他应用程序使人们能够轻松探索现实环境而不会迷路。人们还可以通过移动设备在几秒内预订火车票、机票、电影票或进行转账。

4.3.7　4G 和 5G

4G（第四代移动通信）技术在 21 世纪初出现。与 3G 技术相比，4G 技术将移动互联网速度提高了 500 倍，使得视频通话和高清视频流成为可能。4G 已在全球范围内广受欢迎，但随着物联网的普及，设备数量将呈指数级增长，4G 可能无法满足这一需求。处理大量连接将需要巨大的网络容量，这正是 5G（第五代移动通信）技术的作用所在。在企业转型过程中，每个企业都在应用新技术改革它们的业务流程，因此，5G 技术可为企业提供支持，使其能够利用物联网、区块链和云计算等其他技术。

4.3.8　数据分析

软件和各种设备的广泛使用，产生了大量的数据。应用程序如 WhatsApp、Signal 和 Facebook Messenger 正在产生各种半结构化/非结构化数据。YouTube 和物联网设备及传感器也是大量数据的来源。我们的数据每天都在增长，变得越来越有价值。然而，为了促进企业转型，我们需要具备分析这些数据的能力。为了快速准确地分析不同类型的数据，需要专家使用市场上的各种工具。数据分析的结果可以帮助企业做出更好的企业转型决策。当数据准确且经过分析和排序时，企业可以更容易地做出长期决策。

4.3.9　社交媒体

社交媒体被许多公司，包括各级组织在内用于日常运营，并正在改变沟通和协作的方式。社交媒体已经改变了从营销和运营到财务的业务方式。社交媒体用于改善员工之间的关系和分享文化。在业务方面，其提供了一个向消费者推广业务的平台。没有其他技术能够像社交媒体那样连接客户、员工和其他人员。Facebook、Twitter、Instagram 等社交媒体网站和应用程序可用于交流、分享想法、照片和视频等。因此，它们目前拥有大量的用户。所有市场领导者几乎都有 Twitter 和 Facebook 账户。社交媒体还支持机器学习和人工智能概念，用于根据用户的购买趋势和性别进行营销。社交媒体已成为公司和商业领袖与人们交流并获得评论的首选必要途径。随着智能手机用户数量的增加，社交媒体网站的用户数量也在增加，预计在未来十年内将增加数十亿个用户。

4.4　如何以正确的方式实现公司的数字化转型

许多高管意识到，从一开始就采用数字化技术的初创公司是难以对付的竞争对手，但现有公司如何快速跟进，而不违反规则呢？

大约四分之三的商业领袖对其组织容易受到干扰保持警惕，但许多商业领袖并未表现出主动承担风险进行转型的兴趣。根据对来自英国和爱尔兰的500位高管的分析，50%的企业将初创公司视为严重威胁，大约十分之一的企业不同意它们有任何市场竞争对手。最初，7%的高管表示，企业不担心数字干扰的威胁。苏格兰皇家银行创新负责人凯文·汉利分享了他将数字干扰转化为当前竞争环境中的优势的三条经验，具体如下。

4.4.1　超越传统的企业防火墙

凯文·汉利在苏格兰皇家银行负责各种类型的活动，如探索全球创新理念，管理探索性实验室，应用将创意从理论转变为实践的控制流程。他与全球一些最聪明人的交流，并在一年内接触了约1500家企业，这些企业处理从大型组织到小型初创企业的各种技术。他相信，特别是金融领域的世界正在发生异常变化。技术变化如此之快，而且变得更便宜、无处不在，这代表了金融业务组织处理方式的重大转变。与传统银行系统相关的业务运营已经被拆分成若干较小的部分，其中大部分由行业提供。成功的金融企业必须识别并把握这种变化。为了在当前的干扰场景中取得成功，大型银行应该将它们的长期技能与新进入者的知识点相结合。企业高管强调创新，因此，应该超越传统的企业防火墙。然而，凯文·汉利警告领导者和其他高管，文化元素的变化比技术转型更为复杂。金融正在变得更强调竞争，企业应该更加开放。高管的成功将取决于与他人合作的能力。各种类型的组织，无论是大型还是小型，都有各种机会，但需要具备正确的技能。组织必须能够在技术和文化上适应变化。

4.4.2　将新想法从边缘带到核心

根据凯文·汉利的说法，那些寻求转型的企业应该同时在两个方向上取得进展：现在和未来。在第一个方向上，组织应该强调它们现有的传统背景，它们必须简化系统并建立高效的技术；对已经建立的体系进行改革，以便对核心部分进行改进。在第二个方向上，高管必须考虑他们的目标，并随后朝这个目标努力。凯文·汉利建议挑战自己，提前十年思考世界，以及当下应当采取的措施，抓住正在出现的机会。他警告高管不要在现在和未来这两个方向之间做出选择。高管可以只强调一个或另一个，但他们必须同时处理两者。如果他们强调现在，风险可能会增加；如果他们强调创新和创造力，基本的操作问题可能会减少。苏格兰皇家银行已经为创新建立了单独的政策和控制流程，这让凯文·汉利和他的团队成员可单独进行实验。

4.4.3　定义首席信息官在创新过程中的角色

我们必须回答这个问题：谁应该领导创新过程？虽然 49% 的高管认为首席信息官必须负责推动技术领域的创新，但根据 Dell EMC 的研究，超过一半（54%）的高管认为他们的 IT 领导者施加了太多的控制，这限制了创造潜力。苏格兰皇家银行将创新视为涵盖所有业务单位的活动。凯文·汉利认为其他企业必须采取类似的立场，不要将数字干扰的权力掌握在 IT 部门手中。凯文·汉利表示，如果创新和创造力只是首席信息官的责任，技术就只是一个寻找钉子的锤子。如果你试图在正常业务周期内改变你的组织，高管的创造力将会受到压制。在苏格兰皇家银行，凯文·汉利正在推动一项"冲刺"计划，并且设有单独的资金。他们正在探索 40 项创新举措。凯文·汉利每月与合作的初创组织的首席执行官举办论坛。此类论坛的参与者包括苏格兰皇家银行的执行委员会成员。

4.5　物联网在数字化转型中的相关性

作为一种最新技术，物联网正在普及，企业正试图将其与它们的业务进行整合。因此，企业需要制订一个计划，在它们的业务中应用物联网并保护它们的数据。在接下来的五年中，预计物联网设备的数量将达到大约 500 亿个。这意味着人们正在将传感器放在所有东西上。这可能是任何设备、事物，包括拖拉机或你可以想到的任何东西。

迪戈兰认为物联网是包括数字化转型在内的非常基本的组成部分。其将通过改变跟踪库存和供应链的方式，提供更多的分析数据和更多的见解，从而转变整个业务。智慧城市中包含了最能体现物联网变革性的场景，如基于传感器的交通或水供应，或对泄漏的监控和控制。但是，在收集传感器生成的数据时，存在一个挑战，即决定哪些数据重要，应该保留以备将来使用，不需要哪些数据。由于存储便宜，企业可以保留数据。根据迪戈兰的说法，企业在大多数设备上放置了大量传感器，并且不知道如何处理这些数据或没有计划去处理。保留以备后用的数据可能会变得容易受到攻击。随着数据转移到云端，需要对其进行保护。迪戈兰说，物联网将使一切变得智能，这有点令人毛骨悚然，但也有点酷。

4.6 结论

企业转型的最新趋势需要巨大的技术变革，因为世界正朝着自动化的概念，以及在人们生活和为发展而努力的智能环境中实现智能的方向发展。本章介绍了企业转型、数字化转型的重要性及企业转型所需的技术。将数字化转型融入企业不仅包括应用技术提高流程的数字化程度，还包括员工可以使用不同的工具及与团队合作的方式。因此，数字化是推动企业转型的一种手段。数字化转型支持企业转型，但这并不意味着企业转型依赖数字化转型，反之亦然。这两个过程都只有以实施适当政策为前提，才能在市场上取得成功。除了使用最新技术带来的各种好处，还有一些与保持企业质量流程、客户数据安全及提高客户满意度和增加客户数量等相关的挑战，这些是我们在不同领域必须处理的问题。

本章原书参考资料

1. Jarvenpan, S. L. and Ives, B., Introducing transformational information technologies: The case of the World Wide Web technology. *Int. J. Electron. Commer.*, 1, 1, 95–126, 1996.

2. Mukundan, P. M., Manayankath, S., Srinivasan, C., Sethumadhavan, M., Hash-One: A lightweight cryptographic hash function. *IET Inf. Secur.*, 10, 5, 225–231, Sep. 2016.

3. Gregor, S., Martin, M., Fernandez, W., Stern, S., Vitale, M., The transforma- tional dimension in the realization of business value from information tech- nology. *J. Strateg. Inf. Syst.*, 15, 3, 249–270, 2006.

4. Wan, J., Li, D., Zou, C., Zhou, K., M2M communications for smart city: An event-based architecture, in: *Proceedings—2012 IEEE 12th International Conference on Computer and Information Technology*, *CIT 2012*, pp. 895–900, 2012.

5. Development of Smart Cities and Its Sustainability: A Smart City framework. *International Journal of Innovative Technology and Exploring Engineering* (*IJITEE*) 8, 11, pp. 646–655, 2019.

6. Zanella, A., Bui, N., Castellani, A., Vangelista, L., Zorzi, M., Internet of things for smart cities. *IEEE Internet Things J.*, 1, 1, 22–32, Feb. 2014.

7. Berman, S. J., Digital transformation: Opportunities to create new busi- ness models. *Strateg. Leadersh.*, 40, 2, 16–24, 2012.

8. Andal-Ancion, A., Cartwright, P. A., Yip, G. S., The digital transformation of traditional businesses. *MIT Sloan Manag. Rev.*, 44, 4, 34–41, 2003.

9. Ismail, M. H., Khater, M., Zaki, M., Digital Business Transformation and Strategy: What Do We Know So Far? *Manuf. Artic.*, November 2017, 36, 2017.

第 5 章
人工智能的未来：
人们会比今天更有优势吗

普里亚达斯尼·帕特奈克*、维·普拉卡什

摘要： 技术正以惊人的速度进步，这导致人类与技术之间的合作日益紧密。尽管基于技术的人工智能是一个相对较新的领域，但相关的基础研究早已开始。人工智能具备存储和快速处理大量数据的能力，同时也能够解决问题，与人类能力相媲美。当前，人工智能是一种现代技术，其研究人脑如何思考、学习、决策和工作，以及在解决问题时的运作方式，研究成果被用于开发智能软件和系统。人工智能将成为企业和个人不可或缺的一部分，其可能超越人类的能力，但是否能执行诸如爱、道德选择和情感等复杂行为呢？本研究将分析和探讨人类与人工智能如何共同进步，以及在人工智能的辅助下，人类的未来将会如何，人们会比今天更有优势吗？

关键词： 人工智能、智能系统、自动化

5.1 引言

随着技术以惊人的速度进步，人类与智能系统之间的合作将日益增强。现代消费者对个性化和定制化的需求日益增长，他们更倾向于一定程度的"亲力亲为"的定制。在后现代主义时代，人们变得更加个人主义，因此企业迫切需要根据客户的个人喜好进行个性化服务。

人工智能是计算机科学的一个分支，涉及研究和创造能够表现某种智能形式的计算机系统。人工智能系统能够理解并感知自然语言，理解视觉场

——————————
* 印度布巴内斯瓦尔博拉国际大学，邮箱：pattnaikp2009@gmail.com。

景，以及执行需要人类智能的任务[1]。其涉及心理学、生理学和认知科学的研究，因为这些研究有助于理解人类智能、思维过程和感知过程[2]。人工智能的目标是开发能够执行高水平智能任务的智能计算机系统。1955 年，纽厄尔和西蒙设计了首个人工智能程序，约翰·麦卡锡创造了"人工智能"这一术语，并致力于智能机器的发展[3-6]。

　　人工智能基于心理学框架运作。访问者的浏览模式使人工智能能够满足访问者的需求，或者更确切地说，激发他们购买产品的兴趣，从而使访问者转变为客户。例如，一位未知访问者想要为自己购买一件衬衫，他访问了一个在线门户网站[7]。那么，他会在网站上查看什么？他的预算、价格区间、品牌、颜色、面料、设计。现在，人工智能开始发挥作用。人工智能将信息传递给数据中心，以便定制化满足访问者的需求。这样，他便可能成为潜在的购买者。目前，人工智能依托于庞大的数据库和丰富的经验，为访问者提供衬衫的个性化选择。在此过程中，人工智能对消费者行为进行精细的分析。消费者的反馈信息帮助人工智能确定产品供应的范围。因此，人工智能仿佛能洞察人们的想法，从而定制出符合客户需求的产品系列[8]。

　　人工智能可能是 21 世纪最具影响力的技术之一。人工智能工具种类繁多，包括知识表示、语音识别、模式识别、搜索与匹配、机器人技术、自然语言理解等。人工智能推动了数据分析、预测潜在客户评分和内容个性化的发展，这些均有助于提升客户体验[9]。人工智能综合考量客户的品位、浏览历史、个人喜好和消费习惯，向客户提供高度定制化和更有针对性的建议。超级个性化的人工智能能够为每位客户提供更加相关的内容、产品及服务信息。这种方法加强了个性化营销的效果。结合人工智能的商业策略是成功的关键，尤其对于当下和未来市场而言[10-13]。

　　人工智能目前还处于早期发展阶段，我们正处在其成长轨迹上，预计到 21 世纪末，其将深刻影响大多数人的生活。在不远的将来，以人工智能为主导的国家将在全球经济力量中占据重要地位。那些已经认识到人工智能潜力的国家已经开始投入资金和资源，以推进人工智能的进一步研究。包括加拿大、意大利、奥地利、新加坡、日本、美国和英国在内的许多领先国家已经启动并宣布了一些人工智能研究和开发计划[14]。

5.2 客户如今如何与人工智能互动

人工智能在经济、医学、银行、化学、市场营销等多个领域都有广泛的应用。其彻底改变了市场营销的面貌。人工智能帮助消费者寻找产品和服务的最佳价格。通过提供超级个性化的推荐,其培养了消费者精明消费的习惯。现代消费者期望商品种类丰富,并能获得个性化推荐,以节省他们的时间。这正是人工智能所能实现并提供的。当消费者访问购物网站时,人工智能会记录他们访问的每一个细节及在每项活动上花费的时间,从而收集消费者的真实行为数据,为他们提供个性化的建议[15]。

5.3 人工智能作为数字助手

数字助手是为执行多种智能任务而开发的系统。它能够从以往的经验中学习,并能理解自然语言。它能够通过照片和传感器识别对象,并提供比人类专家更优的建议[16]。通过视觉感知和识别,人工智能确实能够提供令人印象深刻的推荐。整个过程通过以下四个步骤实现:

- 第一步——由众多对象产生的刺激被感知设备所感知。大小、形状、颜色和质地等属性有能力产生最强烈的刺激。
- 第二步——将此类属性与对象分类关联起来。选定属性,随后形成高等级和低等级的分组。
- 第三步——通过概括化的原型描述来选择属性值,并将其存储,以便用于后续的识别过程。
- 第四步——识别熟悉的对象。

完成识别后,数字助手会根据先前的刺激模式,提供熟悉且个性化的建议。

5.4 人工智能与数据安全

报告指出，我们正在见证许多前所未有的技术创新。我们已经体验到了超越人类能力的智能系统，人工智能能够采用心理学的思维和学习模型来解决问题。但是，由于人工智能完全由数据驱动，我们所使用的数据是否安全？其是否掌握在可靠的人的手中？我们是否了解个人数据的使用方式？大量生成的个人数据的保密性、完整性和安全性如何？为此，我们必须通过安全套接层（SSL）来保护数据[17]。尽管我们有许多管理网络安全的规章制度，但我们需要不同的安全操作模式来保护个人数据。例如，通过 IP 数据包身份验证（AH）及加密和身份验证服务（ESP），构建一个安全系统，并提供安全的数据系统[18-19]。

我们应该采取以下措施来确保数据安全：

- 强大的技术基础设施。
- 安全的数据保护法律。
- 辅助服务。
- 加密检查。

5.4.1 人工智能对人类的影响

在一项调查中，我们询问了受访者关于人工智能如何使人类受益的问题。我们的问题是：到 2030 年，你认为人工智能会增强人类的能力吗？人工智能会降低人类的独立性吗？63% 的受访者认为，到 2030 年，人工智能将增强人类的能力，而 37% 的受访者持相反观点（见图 5.1）。

受访者认为人工智能增加了便利性（66.2%），缩短了个人活动的时间（59.9%），增加了对效率（47.3%）和娱乐（44.6%）的控制感。

受访者认为，最大程度地决定人工智能发展的动态和方向的是在该领域内所采取的实际举措，超过 55% 的受访

图 5.1 人类将在人工智能的帮助下受益

者指出了这一点。此外，消费者对新技术的知识增加，将影响他们的态度和偏好（47.3%），以及对创新和自动化的需求（46.4%）。有趣的是，只有23%的受访者认为政府机构推广人工智能概念的行动也会对其有所影响。人工智能有望增强人类的能力，但其不应取代我们的工作。尽管人工智能可以提高效率，但过度依赖人工智能可能会给我们的适应能力、同情心和道德框架带来负面影响。因此，公众需要加深对人工智能的理解，同时监督其发展[20]。

以下将讨论三个基于深入洞察的观点：

（1）人类-人工智能的演变及其关注。

（2）如何应对人工智能的影响。

（3）预测 2030 年的生活。

人类-人工智能的演变及其关注：

• 个人对生命的控制将减弱。

• 人工智能导致人类失去工作，将造成社会动荡。

• 过度依赖人工智能将导致个人技能降低。

• 漏洞、网络犯罪将增加。

人们的生活会更加自动化，这将导致一些问题，如：

• 经济不确定性、就业问题。

• 人们的隐私问题。

同时，人工智能将让人类更有效率，生活更安全和健康。人类将重视如何管理人工智能。人工智能将被用于提高我们的生活质量。

最大的危险将是个性化推荐。随着个性化推荐的增加，我们可能会失去过去几十年和几个世纪以来为之奋斗的个人自由。人工智能是否会让我们的生活更好，取决于其如何执行我们的决策[21-22]。

人工智能将增强我们作为人类的能力，人类的自主性将会下降。人们的生活是否会比今天更好，取决于即将到来的技术发展，特别是取决于个人有价值的数据。更多的数据意味着更好的人工智能，数据是专有的，获取成本高昂。因此，必须对我们个人信息的使用进行监管和审核[23]。

人机协作将随着时间推移为社会带来许多好处，这将增强我们的能力。

机器通过将不同人群和社区聚集在一起来促进合作。然而，一个关键问题是：这些合作是否能够惠及所有人，还是仅限于少数人？目前，我们尚未解决如何教育公众了解人机/人工智能协作的潜力和威胁的问题[24]。在使用大数据的过程中，隐私侵犯的威胁日益凸显。对数据使用地点和方式的无知可能导致严重问题。

目前，我们对人工智能的公平发展并不乐观，只有少数人真正理解这项技术及其安全使用的重要性。

5.4.2　结论

人工智能无疑拥有巨大的力量，能够影响人类的行动。但接下来我们面临的挑战是什么？人工智能并非旨在模仿人类的感官和思维过程，其也不能超越人类的能力。然而，在人机协作中，创造力是没有界限的[25]。研究界和公众都对这一充满希望的领域抱有浓厚兴趣。我们必须保持现实，因为人类思维远未被完全解码，对如此不确定的事物下结论是非常危险的。然而，我们可以得出结论，人工智能在概念上可以连接许多元素，使它们相互受益[26]。人工智能还可用来分析人们对于市场上品牌和产品的反应，以预测产品定位的成功或失败。在不久的将来，人工智能可能不仅帮助人类做出决策，还会代表他们做出决策。尽管人工智能有潜力增强人类的能力，但其在人们生活中日益增多的角色也带来了概念性、道德、伦理和监管上的困境。印度的经济多样性可能会带来挑战，并推迟人工智能的大规模应用，但应明智地利用这段时期来制定伦理、原则和框架，以解决相关的困境[27]。

本章原书参考资料

1. Ambite, J. L. and Knoblock, C. A., Planning by rewriting. *J. Artif. Intell. Res.*, 15, 207–261, 2001.

2. Balazinski, M., Czogala, E., Jemielniak, K., Leslie, J., Tool condition monitoring using artificial intelligence methods. *Eng. Appl. Artif. Intell.*, 15, 1, 73–80, 2002.

3. Baldwin, H., *Artificial Intelligence Finds A Home In The Restaurant Industry Technology Can Help Restauranteurs Eliminate Costly Mistakes FSR*, NC, USA. 2016.

4. Chan, C. W. and Huangb, G. H., Artificial intelligence for management and control of pollution minimisation and mitigation processes. *Eng. Appl. Artif. Intell.*, 16, 2, 75–90, 2003.

5. Chen, X. and Van Beek, P., Conflict-directed back jumping revisited. *J. Artif. Intell. Res.*, 14, 53–81, 2001.

6. Cristani, M., The complexity of reasoning about spatial congruence. *J. Artif. Intell. Res.*, 11, 361–390, 1999.

7. Devillers, L., Vidrascu, L., Lamel, L., Challenges in real life emotion anno-tation and machine learning based detection, in: *Neural Networks*, 1st ed., pp. 407–422, Elsevier, Orsay Cedex, France, 2005.

8. Franklin, J., The representation of context: Ideas from artificial intelligence. *Law Probab. Risk*, 2, 3, 191–199, 2003.

9. Goyache, F., Artificial intelligence techniques point out differences in classification performance between light and standard bovine carcasses. *Meat Sci.*, 64, 3, 219–331, 2003.

10. Halal, W. E., Artificial intelligence is almost here. *On the Horizon, The Strategic Planning Resource for Education Professionals*, pp. 37–3811, 2, 2003.

11. Hong, J., Goal recognition through goal graph analysis. *J. Artif. Intell. Res.*, 15, 1–30, 2001.

12. Kearns, M., Littman, M. L., Singh, S., Stone, P., ATTAC-2000: An adaptive autonomous bidding agent. *J. Artif. Intell. Res.*, 15, 189–206, 2001.

13. S., The future of fast food: KFC opens restaurant run by AI ROBOTS in Shanghai, 2016. Mail online.

14. Zadeh, From Computing with Numbers to Computing with Words—From Manipulation of Measurements to Manipulation of Perceptions, in: *IEEE Transactions on Circuits and Systems I: Fundamental Theory and Applications*, 1st ed., p. 105119, IEEE Computer Society, Berkeley, CA 1999.

15. Masnikosa, V. P., The fundamental problem of an artificial intelligence realization. *Kybernetes*, pp. 71–80.27, 1, 1998.

16. Metaxiotis, K., Ergazakis, K., Samouilidis, E., Psarras, J., Decision support through knowledge management: The role of the artificial intelligence. *Inform. Manag. Comput. Secur.*, pp. 216–221.11, 5, 2003.

17. Newell, T., Artificial Intelligence Could Change the Fast Food Industry in a Major Way, FOODBEAST, 2017.

18. Peng, Y. and Zhang, X., Integrative data mining in systems biology: From text to network mining. *Artif. Intell. Med.*, 41, 2, 83–86, 2007.

19. Ramesh, A. N., Kambhampati, C., Monson, J. R. T., Drew, P. J., Artificial intelligence in

medicine. *Ann. R. Coll. Surg. Engl.*, 86, 5, 334–338, 2004.

20. Raynor, W. J., The international dictionary of artificial intelligence. *Ref. Rev.*, 380.14, 6, 2000.

21. Singer, J., Gent, I. P., Smaill, A., Backbone fragility and the local search cost peak. *J. Artif. Intell. Res.*, 12, 235–270, 2000.

22. Stefanuk, V. L. and Zhozhikashvili, A. V., Productions and rules in artificial intelligence. *Kybernetes: The International Journal of Systems & Cybernetics*, 817–826.31, 6, 2002.

23. Tay, D. P. H. and Ho, D. K. H., Artificial intelligence and the mass appraisal of residential apartments. *J. Prop. Valuat. Invest.*, 525–540.10, 2, 1992.

24. Toni, A. D., Nassmbeni, G., Tonchia, S., An artificial, intelligence-based production scheduler. *Integr. Manuf. Syst.*, 17–25.7, 3, 1996.

25. Wang, S., Wang, Y., Du, W., Sun, F., Wang, X., Zhou, C., Liang, Y., A multiapproaches-guided genetic algorithm with application to operon prediction. *Artif. Intell. Med.*, 41, 2, 151–159, 2007.

26. Wongpinunwatana, N., Ferguson, C., Bowen, P., An experimental investiga-tion of the effects of artificial intelligence systems on the training of novice auditors. *Manag. Audit. J.*, 306–318.15, 6, 2000.

27. Zeng, Z., Pantic, M., Roisman, G. I., Huang, T. S., A Survey of Affect Recognition Methods: Audio, Visual, and Spontaneous Expressions. *IEEE Trans. Pattern Anal. Mach. Intell.*, 31, 1, 39–58, 2009.

第 6 章
软件定义网络中的 DDoS 攻击检测分类器

加甘乔特·考尔[*]、普里尼玛·古普塔

摘要: 软件定义网络（SDN）已经出现，其通过完全解耦标准化的控制平面和数据平面，转变了网络标准，使网络变得可携带、可编程和自主化。

随着 SDN 可以确保提供更可靠和有效的网络连接，提供安全的云网络成为最重要的目标之一。云性能受到大多数网络威胁的影响，其中分布式拒绝服务（DDoS）攻击被认为是云上最难以防范的威胁之一。此类攻击通常使云服务器成为受害者，从而降低云性能。这些攻击通常同步攻击缓解机器，使机器成为故意破坏的受害者。本章给出了一个成功的新分类器，其通过减少 KDD 2000 数据集的误分类率，提供了最佳的分类精度。这是一种强大的方法，可识别 SDN 中的 DDoS 攻击。新兴的 SDN 方法在解决大量 DDoS 攻击方面显示出越来越具潜力的改进。最终，测试结果显示所提出的方法具有卓越的性能，并且所提出的结构通过增强物联网的安全性，可适应异构和脆弱的设备。

关键词: 分类器、KDD 2000、物联网、分布式拒绝服务攻击、软件定义网络、错误和攻击

6.1 引言

SDN 是一种先进的技术，允许通过编程方式让所有网络节点管理网络，而不依赖传统的系统管理方法。SDN 赋予了软件控制网络的能力。其允许网络根据控制平面和数据平面的配置来虚拟化流量。SDN 实现了硬件与软件层

---

[*] 印度法里达巴德马纳夫拉赫纳大学，邮箱：gaganjot@mru.edu.in。

的解耦。SDN 主要强调了如何控制数据与网络流量一起流动。SDN 确保了监督者有能力按照其所需的方式塑造系统。SDN 还使得管理层能够通过产品界面设置指导方针和控制措施。SDN 可提供指导，其中传统的静态架构是分散和复杂的，而能源系统架构需要持续的灵活性和不断探索。SDN 试图通过将信息平面的传输过程与控制平面分离，将系统组件的理解整合起来。控制平面至少包含一个控制器，其被视为 SDN 的大脑，掌握着整个理解的整合过程。SDN 是一种系统设置方法，其使用应用程序编程，以便优雅和普遍地控制或"改变"结构[1]。

图 6.1 所示为一种以 SDN 架构为特点的产品。该产品揭示了如何通过开放的、基于编程的创新及网络资源协调设备，实现系统管理和计算框架的交付。此类产品清晰地展示了系统关联堆栈的 SDN 控制平面和信息平面。该设计可协助管理员高效且全面地管理整个网络框架，而无须投入大量精力去开发隐藏框架。通过将控制器和执行组件与系统中的各种小工具、组件和可用电路隔离，可以有效整合完整的系统，限制对此类电路的不当使用，同时增强整个系统的欺骗性。SDN 控制器提供了对整个网络的全局视图，但其对于 DDoS 攻击的抵抗能力较弱。但在通常情况下，会在前一阶段通过在控制器中部署感知机制，有效地识别和响应潜在攻击。支持向量机（SVM）是一种精确度高、误报率低的穷尽式分类器。近期，人工智能和机器学习信息挖掘策略在阻断攻击的识别及分组中发挥了关键作用。

尽管人工智能在多个领域都有应用[2]，但针对 SDN 环境的应用相对有限。在 SDN 环境中，由于交换机仅通过控制器下发的数据流转发数据包，因此抵御 DDoS 攻击变得更加困难。其无法识别恶意的数据流。DDoS 攻击是互联网安全面临的重大威胁之一，它通常源自与 SDN 交换机相连的受感染主机。持续的 DDoS 攻击揭示了在物联网中，无论何时，逃避声明无处不在，尽管这些声明目前还处于隐蔽阶段。表面上看，为了保护谨慎的步骤，绝大多数物联网设备可能会无意中成为 DDoS 攻击的帮凶。毫无疑问，SDN 作为一项备受关注的技术，其内部的控制平面和数据平面是网络框架的关键组成部分。其不仅能够统一控制网络流量，还为网络框架和应用程序的优化提供了强有力的平台。在本章中，我们探讨了 SVM 分类器，并将其与 DDoS

攻击检测领域的其他分类器进行了比较和评估。

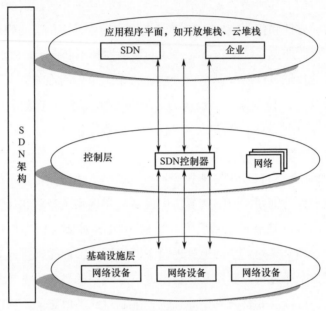

图 6.1　SDN 架构

拒绝服务（DoS）攻击所采用的技术阻止系统资源被真实用户使用，并破坏系统可用性。

执行 DoS 攻击的主要方法是向目标发送大量无用的网络流量，使其无法响应服务或数据的合法请求。如果攻击者使用多个来源，就被称为 DDoS 攻击，这比 DoS 攻击更具灾难性。随着智能手机的普及及物联网等的不断发展，前沿部署的系统设备数量将随时随地成倍增加。SDN 解耦了协调控制和传输功能，使系统真正可扩展，并且关注相关性和系统组织。系统数据对于审计师来说是一致且可信的，它们汇集了对主机、硬件和软件交换机的全面信息，而此类交换机则是效率低下的传输代理。随着 SDN 的出现，分布式计算领域取得了快速发展。其现在更加灵活，成本更低，更易于管理。人们正在开展有关如何通过 SDN 技术创新加强和升级物联网安全性的研究。人工智能方法现在已经部署在 SDN 框架中，用于定位恶意流量。人工智能方法使用机器来获得收益，通过 SDN 在流特征中进行训练，以确保最佳收益模型。在传统网络架构中，DDoS 攻击识别技术主要分为基于流量质量的攻击定位和基于流量异常的攻击识别。前者主要收集与攻击相关的各种属性数据，并建立 DDoS 攻击的属性数据库。通过比较和分析当前系统数据包的属性数据及属性数据库，可以确定其是否为 DDoS 攻击。因此，可使用朴素贝叶斯、K- 最近邻（KNN）、K-Means、K-Medoids 等人工智能算法[3]。主要的执行技术是属性匹配、模型思考、状态转换和专家系统。后者主要是建立流量模式并分析异常流量转换，以确定流量模式是否异常，从而确定计算机是否遭到入侵。DDoS 攻击通常用于攻击控制器。在 DDoS 攻击中，几个有组织的计算机系统攻击同一个目标，如一个网站、服务器或其他创造性的框架，导致目标设施的客户放弃服务。目标机器由于即将到来的大量消息、关联请求或扭曲的数据包被迫减速或有时甚至崩溃和关闭，因此拒绝向真实客户或机器提供服务。攻击者使用被入侵或被控制的系统来安装攻击服务器所需的工具。这些被破坏的框架被称为机器人或僵尸。抵抗 DDoS 攻击一直是组织评估的重点。识别此类干扰和 DDoS 攻击的一种方法是将关系分为标准和异常[4]。

6.2　相关工作

　　最新的研究表明，SDN 对物联网的支持是通过获得统一的网络设备，以及进行灵活、高效和自动化的系统改革来实现的。SDN 和物联网的结合是一个潜在可行的解决方案，可加强物联网网络的管理能力[5]。文献 [5] 提出了一种针对 SDN 控制器的特定设计（该设计可在 DDoS 攻击期间对攻击进行有效限制），概述了在 SDN 条件下 DDoS 攻击的执行、识别和缓解，研究了一种流规则泛洪 DDoS 攻击，并专注于一种新的针对 SDN 数据平面的 DDoS 攻击。文献 [6] 提出了一种基于 SDN 领域的安全和分布式物联网设计。科斯塔-雷克纳等人[7] 提出了一种基于 SDN 控制器工程的规划，以限制攻击并保护受 DoS 攻击的网络。在最新的调查中，许多策略被用来识别和分析 DDoS 攻击。在使用传统网络安全策略和启发式方法，如 IP 跟踪、不一致性识别、入口 / 出口过滤、ISP 联合防御、组织自我相似性，来缓解 DDoS

攻击方面已经开展了大量研究 [7-8]。然而，此类方法都被证明在缓解 DDoS 攻击方面受到明显的限制。大多数当前的识别项目依赖从捕获的 IP 数据包中进行特征选择。穆罕默德·阿尔卡萨斯贝等人考虑了所有 27 个特征，用于一个包含现代 DDoS 攻击的新数据集，这些攻击位于不同的网络层（如 SIDDoS、HTTP Flood）。谢里夫·萨阿德等人提出了一种新的描述和识别使用网络流量模式的僵尸网络的方法。这种方法专注于在启动攻击之前识别最新和最具挑战性的僵尸网络类型。独特的人工智能方法已被用来满足连接的僵尸网络在可识别身份方面的需求，具体包括灵活性、好奇心定位和早期识别。基于所采集的数据集进行实验评估显示，仅通过流量模式，我们可以在僵尸网络的命令和控制（C&C）阶段及它们发动攻击之前，合理地识别出僵尸网络 [9]。作为单一的关键接触点，SDN 也容易受到攻击。最常见且日益严重的问题是 DDoS 攻击，这些攻击在频率、规模和严重性方面都在增加。本章专注于分析攻击问题，并进一步推荐执行人工智能算法来检测和识别攻击。结合随机森林算法和决策树算法的混合方法，在 Scapy 工具上配合大量 IP 地址列表，已经产生了识别攻击的精确结果 [10]。此外，文献 [10] 还指出了使用其他人工智能算法的潜在缺点。文献 [11] 提出了一种针对 SDN 的泛洪攻击的防御策略，该策略依赖 SVM 分类器和一种被称为空闲中断调整（IA）的技术。研究人员评估了预期的系统，并根据流的数量、SDN 控制器的 CPU 使用率及 Open vSwitch 的使用情况进行了评估。狄龙和贝克拉尔 [12] 提出了一种基于 SVM 和地下生物定居系统的阻抗确认方法。他们发现，结合加强向量与蚂蚁区域（CSVAC）的方法比 SVM 和基于自组织蚂蚁群网络（CSOACN）的聚类方法有更好的表现。文献 [12] 还探讨了多类 SVM 模型的开发问题，该模型采用一对一的策略，训练 N 个分类器，并在测试中对所有 N 个分类器进行路线规划，以形成更精确的检测模型。这种方法减少了测试时间，对于早期检测阻抗至关重要。狄龙和贝克拉尔 [12] 还提出了使用适应性强和精英神经敏感性的群体来检测 DDoS 攻击。KDD 99 数据集被用于评估，NFBoost 计算提供了高准确率和较低的误报率 [13]。唐等人使用多层感知机（MLP）在 SDN 中识别入侵，采用了六个基本特征，这些特征容易通过 OpenFlow 接口获得。MLP 包含三个隐藏层，结构上分为两个明确类别，并在最佳情况下达到了 75.75% 的准确率。然而，这项研究并未在真实的 SDN 环境中进行，且除了重新排序条件，并未给出关于结构的详细信息[14]。在 2003 年，文献 [15] 使用组件保护来应用神经网络（NN）和 SVM 进行干扰识别，以粗略地获取每个特定类别名称的信息。姚等人[16] 在 2009 年提出了一个基于包装器的数据特征选择系统，以从网络流量数据中找到最有信息量的特征，然后使用直线 SVM 来提高所选数据特征的表现。贾尔和古普塔[17] 提出了一种识别方法，用于检测针对 SDN 控制器的 DDoS 攻击。他们注入大量的流，但只有很少的组（低流量流）。其提出了一种识别系统，旨在发现与有害攻击者有关的受威胁接口。此外，他们展示了在标准框架中提出的 DDoS 攻击方案，这些方案能够对 SDN 控制器发起 DDoS 攻击。SDN 上的 DDoS 攻击是一种恶意行为，目的是扰乱网络的正常运行，通过阻塞数据包在网络框架上的流动，破坏网络的完整性。文献 [17] 介绍了一种名为主成分分析循环神经网络的系统。其通过识别框架特性来描述网络结构，预期将用于识别和缓解大规模网络中的 DDoS 攻击，是专门为服务大型城市而开发的。当前的 DDoS 攻击策略有其固有的优势和劣势。结果是根据准确度、精确度和 F 分数等特定标准来展示的，此类标准同样适用于独特的 DDoS 攻击识别系统。PCA RNN 可作为一种降低维度的策略，其根据实际需求选择输出的估计值。PCA RNN 也被用于优化神经网络模型。未来可以在更具代表性的数据集上进行计算尝试，以考虑连续的特征[18]。目前，人们已经开发了基于机器学习的方法来完成 SDN 的网络入侵检测系统；对于未来的发展方向，已经讨论了提供越来越高的准确性和灵活性的问题，可以通过机器学习和深度学习策略来发展 NIDS。在 2018 年 IEEE 国际会议上，有人提出了一种使用数据估计在软件定义的框架中披露大规模高级 DDoS 攻击的方法[19]。目前，主要通过关注 OpenFlow 协议的信息来识别 DDoS 攻击。由于 DDoS 攻击是 SDN 的主要安全威胁，建议使用一些度量标准，如一般熵和广义信息距离来识别攻击。这些度量标准完全取决于网络流量。识别计算基于数据包的流动，其指导信息位于 SDN 所在的头部字段中。这些度量标准也适用于识别高比例的 DDoS 攻击。未来可以根据经过验证的流量情况，更早地发现异常，并且更有效地实施缓解措施[20]。在

文献 [21] 中，研究者使用 SDN 和人工智能系统的组合来区分及阻止分布式反射拒绝服务（DrDoS）攻击。OpenFlow 交换机模拟流向识别管理员的流量，该管理员应用 SVM 方法将数据包分类为恶意或无害。在识别出恶意流量后，识别管理员会指示控制器阻止这些恶意数据包。彭等人 [22] 在 SDN 框架中推荐了一个两级权重调整策略，以增强结构在 DDoS 攻击期间的持久性。他们的主要工作是均衡负载，虽然这样做并没有减少 DDoS 攻击，但他们提供了一个替代方案，通过分散负载来增强持久性。哈迪亚托和布尔博约 [23] 提出了一个混合对策，阻止 SD-IoT 控制器 [24] 中的高级持续性威胁（APT）攻击，并为具有不可修补漏洞的 SD-IoT 制定了两个主动防御框架。DDoS 攻击基本上是不可避免的，并且是不合理地使用资源的行为。SDN 是目前广泛使用的框架，其通过集中控制提高了收集框架信息的能力。目前，人们已经使用人工智能方法来管理和识别 DDoS 攻击，并致力使用 KNN 算法识别不可避免的网络流移动。计算显示，其拥有更高的精确度、更低的误报率，并且在识别 SDN 上的攻击方面表现更佳，与其他计算方法相比脱颖而出 [25]。文献 [26] 的作者提出了一种识别方案，旨在识别依赖时间特征的 DDoS 攻击。识别的首要任务是检查系统上攻击的行为模式。利用神经网络系统的示例识别过程，检测攻击并及时做出响应 [26]。结果通过 DARPA 信息索引进行评估，并与连续概率比测试结果进行对比。经过比较，文献 [26] 提出的方案有助于更快速、更准确地识别攻击。信任管理安全帽（TMH）模型旨在通过记录四种积极性特征来区分真实用户和攻击者，这些特征是计算和累积的一部分，同时也作为客户端与服务器安全会话的一部分 [27]。研究论文展示了一种流量分类方案，用于在仅有少量训练信息可用时提高分类性能。通过统计特征描述流量流，并对流量流数据进行分析。有人提出了一种流量聚类策略，结合朴素贝叶斯算法对流量流进行分类。由于分类策略基于后验概率，因此能够识别在可疑情况下发生的攻击。实验结果显示，该方案能有效地对数据包进行分类，比现有流量分类技术更准确，达到了 92.34% 的准确度。

文献综述表明，总体而言，SDN 作为一种新兴的网络架构正在被广泛使用，但需要特别注意其安全性。DDoS 攻击是一个主要问题，有多种传统方法被用来识别这些攻击。控制器上的 DDoS 攻击可能导致整个系统崩溃，因此需要识别和减少控制器上的风险。SDN 可以优化物联网设备的即插即用预定义策略，自然识别并修复漏洞，设计边缘计算并分析数据流的环境。随着更多设备的加入和更多对不安全点的攻击，DDoS 攻击的数量急剧增加。物联网系统由于资源有限，一直是 DDoS 攻击的主要受害者。保护物联网设备和系统免受 DDoS 攻击，并防止它们被用来执行 DDoS 攻击是一项艰巨的任务[28]。

6.3　DDoS 攻击概述

DDoS 攻击是一种由多个被攻击的计算机（也称为机器人或僵尸）集中针对单一系统的攻击。其目的是消耗目标系统或网络的资源，导致服务意外受阻或中断，造成服务不可用。DDoS 攻击分为七个基本类别：泛洪攻击、放大攻击、核心熔化攻击、LAND 攻击、TCP SYN 攻击、CGI 请求攻击和认证服务器攻击。DDoS 攻击旨在削弱受害者的资源，如网络带宽、计算能力和操作系统数据结构。SDN 是一种网络架构，允许网络流量根据用户需求和要求进行灵活高效的操作与管理。DDoS 旨在阻止网络中资源的可用性。这项任务是通过一群有意或无意参与攻击的设备完成的。攻击者用大量无用流量充斥网络以耗尽其资源，导致有害流量获得服务，而真实数据包由于数据包泛洪或拥塞而无法得到服务。研究表明，DDoS 攻击是系统安全面临的最简单和最基本的威胁。根据 Arbor 网络 2014 年的报告，"2013—2014 年，针对客户的 DDoS 攻击仍然是主要的操作威胁，而针对基础设施的 DDoS 攻击是 2014 年首要关注的问题。"攻击者主要集中于破坏系统，而不是攻击客户。根据报告[29]，攻击的主要目标是企业、互联网服务提供商和在线游戏网站。DDoS 攻击可以广泛地定义为传统攻击、基于容量的攻击和应用层攻击[30]。DDoS 攻击一直是计算机网络和分布式应用等许多方面的真正威胁。DDoS 攻击的主要目标是使用多个来源来降低目标的服务能力。例如，攻击者可以向受害者发送数十万个数据包，以使其入口带宽充满伪造的流量，导致在线服务不可用。常见的攻击案例是泛洪攻击，其中受害者被发送到它的巨大网络流量所淹没。DDoS 攻击的概念围绕一个事实，即分布在各个地区的成千上万的来源被用来针对同一个个体。各种各样的 DoS 攻击技术被用来降低互联网上目标服务的性能或可用性。通常，这些技术可以被归类为与 SDN 相关的每个层面的挑战，包括结构、应用、控制和系统。DDoS 攻击是一种 DoS 攻击，其中大量同时到达的数据包访问服务器，以隐藏网络中资源的可用性。根据 2018 年夏季网络安全报告，最大的 DDoS 攻击记录发生在 2018 年 2 月 28 日（星期三），达到了 1.35 Tbps 的顶峰。在最近的 DDoS 攻击中，攻击者没有使用任何僵尸网络。在通常情况下，DoS攻击中遭到攻击的主机单一系统会发送大量无用的交易信息。这种攻击的主要目标是降低系统可用性，阻止真实用户访问可用服务。如果攻击者使用多个主机而不是单一主机来针对单一系统，即控制器，则被称为 DDoS攻击[31]。

6.4 DDoS 攻击的类型

不同的 DDoS 攻击向量针对网络连接的不同部分。所有 DDoS 攻击都涉及用流量淹没目标设备或网络，攻击可以分为三类：基于容量、基于协议和基于应用程序。攻击者可能使用一个或多个不同的攻击向量，或根据目标采取的反制措施可能循环使用攻击向量[32]。图 6.2 显示了各种 DDoS 攻击类型。

基于容量的攻击：这类 DDoS 攻击依赖传入流量的容量。这种攻击的目标是过载网络的带宽或引起 CPU 或 IOPS 使用问题。攻击者使用一个基本策略——更多资源主导这场比赛。如果他们能够过载使用者的资源，攻击就成功了。对攻击者来说，实现他们的目标非常简单。大多数网站所有者使用的是共享服务器，而虚拟专用服务器（VPS）通常配置在最低的服务等级和协议上。基于容量的攻击包括 UDP 泛洪、Ping 泛洪和 ICMP 泛洪。在所有这些攻击中，攻击者根据网络流量发起攻击，最终可能导致整个服务器或网络彻底瘫痪。

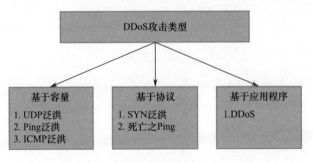

图 6.2　DDoS 攻击类型

基于协议的攻击：网络依赖协议，这是信息从一点传输到另一点的基础。基于协议的 DDoS 攻击利用了第三层和第四层协议栈中的缺陷。这类攻击消耗服务器资源或其他深度参与流量处理的网络设备，导致管理中断。攻击者试图通过发送超出服务器处理能力的数据包或超出系统端口带宽的数据包来利用系统栈。这种攻击针对设备资源和应用程序资源，通过耗尽内存、带宽等资源影响受害者的主要操作。基于协议的攻击有多种类型，包括 SYN 泛洪和死亡之 Ping。这些攻击通过干扰 TCP 协议的三向握手过程，在客户端、服务器和主机之间造成通信中断，从而导致服务器崩溃。

基于应用程序的 DDoS 攻击：这类攻击的目标是耗尽目标资源。攻击者专注于服务器生成网页并响应 HTTP 请求的层次。单个 HTTP 请求在客户端很容易被执行，但对目标服务器来说可能成本很高，因为服务器需要加载多个文件并执行数据库查询来生成网页。应用程序层 DDoS 攻击通常以 HTTP GET 泛洪的形式出现。攻击者发送大量的 HTTP GET 和 POST 请求到 Web 服务器，试图通过耗尽资源来淹没它们[33]。这类攻击通常规模较小，但后果可能非常严重，因为它们可能在无法响应之前未被注意到，因此被称为"低慢攻击"或"中等速率攻击"。尽管它们可能看起来规模较小，但与网络层攻击相比，它们同样具有破坏性。应用程序资源发送连接请求，并最终使受害者服务器过载，导致其无法处理更多的连接请求。应用程序层攻击（通常也称为第 7 层攻击）不仅针对应用程序，还针对带宽和网络。例如，针对 DNS 服务器的攻击和 HTTP 泛洪攻击是常见的应用程序攻击，它们不仅导致服务器崩溃，还使目标机器不可用，从而破坏整个网络[34]。

6.5 SDN 中的 DDoS 检测技术

有效防御 DDoS 攻击的关键在于识别攻击。可用多种技术识别不同的攻击类型，如检测恶意软件和僵尸网络。由于恶意软件能够构建僵尸网络，而僵尸网络常被用于发起 DDoS 攻击，因此这些检测策略对于减少 DDoS 攻击至关重要。DDoS 攻击的识别可以依赖多种机制。SDN 系统具备针对不同类型 DDoS 攻击的明确识别策略。这些策略涵盖了基于熵的方法、AI 技术、流量模式分析、连接速率评估，以及结合 IDS 和 OpenFlow 的复合型方案。最直观的识别方法是等待受害者的报告。然而，这种方法既不精确，也难以适应大规模应用。更先进的策略越来越依赖持续的监控和网络流量分析。通过监控主机的指标，如带宽使用和 CPU 负载，可以及时发现正在进行的攻击或已经影响网络的攻击。这种检测手段能够揭示异常行为，但应与网络流量分析相结合以进一步确认。基于流量监控的技术更为有效，其能够提供更为详尽的信息，如文献 [35] 所述，其已成为入侵检测和异常检测中最广泛使用的技术。识别和缓解 DDoS 攻击的方法可能包括统计分析、基于数据库的查询，或者应用 AI 和数据挖掘技术。DDoS 攻击可以通过监控网络中数据包数量的突增来识别。存在多种基于不同方法的 DDoS 识别系统，如文献 [36] 所述。

6.6 使用机器学习技术进行检测

AI 驱动的解决方案也是处理特定 DDoS 攻击的一种方法，与 SDN 中的控制器形成鲜明对比。机器学习用于对数据包进行特征化分析。计算基于有序数据集进行训练。训练后，其能够区分正常和异常的数据包。不同的机器学习算法被用于中断定位。朴素贝叶斯、SVM、决策树等算法被用于数据包分析。在此类解决方案中，通过将自由攻击流（训练数据）输入 AI 算法中训练的防御系统能够识别攻击流（测试数据），推荐使用 SVM 分类器来识别

DDoS 攻击，该方法不同于控制器[36]。SVM 是一种大型边缘分类器，也是一种 AI 类型。其主要用于发现决策边界或至少两个组的分离模型。例如，假设我们有一个训练数据集，每个数据点都被标记为属于某个组。SVM 创建一个模型，通过绘制尽可能宽的清晰决策边界来分离这些现有数据。构成这个边界的数据点被称为支持向量。然后，这个模型根据新数据集落在边界的哪一侧来进行分类[37]。基于标记的干扰检测系统要求管理员加入规则和标记以识别攻击。这需要一些工时来测试、创建和分发这些标记，并且为未知攻击创建新的标记。基于 AI 的异常检测 IDS 提供了这个问题的解决方案，它们帮助创建一个可以从数据中学习并根据学习的数据预测隐藏信息的系统。基于机器学习的方法可以为 SDN 管理员、安全和改进提供更独特、更高效、更智能的解决方案[38]。

6.7　提议使用 SVM 分类器的工作

在提议的工作中，为了检测 DDoS 攻击，使用的分类器是 SVM 鉴别分类器，由分离超平面正式定义。换言之，给定经过验证的训练数据（监督学习），算法产生一个最优超平面，用于协调新实例。SVM 能够处理从简单、线性、有序的任务到更复杂的问题，如非线性问题、排序问题。本章提出了一种使用 SVM 的入侵检测策略。这个 SVM 大型边缘分类器可能有助于减少计算中的错误。它改善了分类任务，因为位于决策边界附近的点具有不确定的分类决策。换言之，通过让边缘足够大，可以减少分类决策的脆弱性。另外，只要边缘足够大，模型可能对数据的适应性有很少的选择。因此，限制可以减少，这扩展了精确描述数据的能力[39]。其还使用了特征消除策略来提高效率。选择 SVM 分类器是因为其使用主动学习技术，如神经网络，目标函数在训练期间将在全球范围内进行近似处理，因此需要的空间比使用缓慢学习系统少得多。主动学习系统也可以更好地处理训练数据中的噪声。主动学习是离线学习的一个例子，其中当前训练问题对系统没有影响，因此相同的问题对系统始终会产生相同的结果[40]。

6.8 使用的数据集

KDD 数据集是入侵检测技术研究中著名的基准。原始的 KDD Cup 数据集是由 DARPA 创建的用于入侵检测的大型数据库。KDD 数据集的特性问题推进了一个新的数据集，即 NSL-KDD 数据集的发展。这个新的数据集克服了许多问题，如多余的实例。KDD Cup 数据集还存在其他问题，如重复、不一致，并且不是标准化的，因此我们使用了更好的 NSL-KDD 数据集，选择了大约 10 万个记录，具有 42 个属性和 22 个类别。KDD 数据集是用于入侵检测系统分析的标准数据集 [41]。

6.9 提议的方法

在目前提议的工作中，DDoS 防御系统被部署在网络中，以自主地识别和防止 DDoS 攻击。为此，首先标准化数据库，然后在此基础上构建分类器模型。其次执行计算，相应地计算异常和精度，这些指标衡量了各特征的分布，如异常行为的可能性、错误容忍度、灵敏度、检测比例。在算法被实现后，根据准确率、检测的假阳性率和真阳性率评估结果，以检测攻击，并检查时间对接收数据包数量和丢失数据包数量的影响。此外，重要的是要区分可以用于流量分析的工具。

6.10 结果对比

使用 KNN、朴素贝叶斯、随机森林等方法检测攻击的准确率分别为 95.9%、91.4% 和 99.5%，但使用提议的 SVM 分类器检测 10 万个样本的攻击准确率预计为 99.8%，并且还指出了哪些检测正在损害网络。结果指出，本章所提的算法将显著提高系统的性能，并且能更准确地识别所有 DDoS 攻击。

6.11　结论和未来工作

　　安全性实际上是人们将 SDN 部署到企业中的最大担忧，需要认真考虑。尽管 SDN 集中式软件的使用解决了传统系统中存在的许多问题，但在某些时候，其会变成一般网络的瓶颈。攻击识别是云计算研究的一个广泛领域，旨在使云成为一个安全和值得信赖的平台，用于交付未来的物联网。我们的主要焦点是讨论 SDN 中可能面临的 DDoS 风险及迄今为止推荐的缓解措施。目前的工作及其理念正受到热议，并将通过 KDD 数据集进行审查。本章所提出的模型将刷新这个过程，节省大量时间，同时在定位精度方面几乎没有性能损失。未来，我们打算扩展系统以完全克服 DDoS 问题，更有效地识别攻击者，即使他们满足已知的参数值。SDN 是尚未完全探索的最新技术。所有推荐用于保护它的解决方案都基于其结构。未来，有趣的是将看到攻击者如何利用 SDN 的脆弱性来破坏系统。有了中央工程，通过仅破坏单个组件来使系统失效变得非常容易。因此，早期发现 DDoS 变得至关重要。攻击者不断想出新的方法来破坏系统。因此，DDoS 识别计划必须以解决新类型的危险及已知的危险为目标。未来工作将专注于应用本章所提出的方法，并进一步集中在物联网 SDN 中主动防御 DDoS 攻击的最有效策略上。从长远看，本章所提出方法的参数也可以进行分类，这将特别适用于实时攻击流量的识别和缓解，以应对安全挑战 [42]。

本章原书参考资料

1. J. N. Bakker, B. Ng, and W. K. G. Seah, Can machine learning techniques be effectively used in real networks against DDoS attacks? in *Proceedings-International Conference on Computer Communications and Networks, ICCCN*, 2018.

2. S. Sezer et al., Are we ready for SDN? Implementation challenges for soft-ware-defined networks, *IEEE Commun. Mag.*, 2013.

3. Q. Li, L. Meng, Y. Zhang, and J. Yan, DDoS attacks detection using machine learning

algorithms, in *Communications in Computer and Information Science*, 2019.

4. J. H. Jafarian, E. Al-Shaer, and Q. Duan, OpenFlow random host mutation: Transparent moving target defense using software defined networking, in HotSDN'12-*Proceedings of the 1st ACM International Workshop on Hot Topics in Software Defined Networks*, 2012.

5. Open Networking Foundation, Software-Defined Networking: The New Norm for Networks white paper., ONF White Pap., 2012.

6. Open Networking Foundation, SDN Architecture Overview. version 1.0, ONF White Paper, 2013.

7. Open Networking Foundation, OpenFlow-enabled SDN and Network Function Virtualization. ONF Solution Brief, 2014.

8. M. H. Raza, S. C. Sivakumar, A. Nafarieh, and B. Robertson, A comparison of software defined network (SDN) implementation strategies, in Procedia Computer Science, 2014.

9. A. Darabseh, M. Al-Ayyoub, Y. Jararweh, E. Benkhelifa, M. Vouk, and A. Rindos, SDDC: A Software Defined Datacenter Experimental Framework, in *Proceedings-2015 International Conference on Future Internet of Things and Cloud, FiCloud 2015 and 2015 International Conference on Open and Big Data*, OBD 2015, 2015.

10. A. Akhunzada, E. Ahmed, A. Gani, M. K. Khan, M. Imran, and S. Guizani, Securing software defined networks: Taxonomy, requirements, and open issues, IEEE Commun. Mag., 2015.

11. B. Wang, Y. Zheng, W. Lou, and Y. T. Hou, DDoS attack protection in the era of cloud computing and Software-Defined Networking, Comput. Networks, 2015.

12. R. Kandoi and M. Antikainen, Denial-of-service attacks in OpenFlow SDN networks, in *Proceedings of the 2015 IFIP/IEEE International Symposium on Integrated Network Management, IM 2015*, 2015.

13. M. Dhawan, R. Poddar, K. Mahajan, and V. Mann, SPHINX: Detecting Security Attacks in Software-Defined Networks, 2015.

14. I. Sofi, A. Mahajan, and V. Mansotra, Machine Learning Techniques used for the Detection and Analysis of Modern Types of DDoS Attacks, *Int. Res. J. Eng. Technol.*, 2017.

15. Niketa Chellani, Prateek Tejpal, Prashant Hari, Vishal Neeralike, Enhancing Security in OpenFlow, Capstone Research Project Proposal, April 22, 2016.

16. L. Barki, A. Shidling, N. Meti, D. G. Narayan, and M. M. Mulla, Detection of distributed denial of service attacks in software defined networks, in 2016 International Conference on Advances in Computing, Communications and Informatics, ICACCI 2016, 2016.

17. G. Kaur and P. Gupta, Hybrid Approach for detecting DDoS Attacks in Software Defined

Networks, in *2019 12th International Conference on Contemporary Computing, IC3 2019*, 2019.

18. N. Z. Bawany, J. A. Shamsi, and K. Salah, DDoS Attack Detection and Mitigation Using SDN: Methods, Practices, and Solutions, Arabian Journal for Science and Engineering. 2017.

19. J. Liu, Y. Lai, and S. Zhang, FL-GUARD: A detection and defense system for DDoS attack in SDN, in *ACM International Conference Proceeding Series*, 2017.

20. A. Alshamrani, A. Chowdhary, S. Pisharody, D. Lu, and D. Huang, A defense system for defeating DDoS attacks in SDN based networks, in *MobiWac 2017-Proceedings of the 15th ACM International Symposium on Mobility Management and Wireless Access, Co-located with MSWiM 2017*, 2017.

21. J. Suarez-Varela and P. Barlet-Ros, Towards a NetFlow Implementation for OpenFlow Software-Defined Networks, in *Proceedings of the 29th International Teletraffic Congress, ITC 2017*, 2017.

22. K. S. Sahoo, M. Tiwary, and B. Sahoo, Detection of high rate DDoS attack from flash events using information metrics in software defined networks, in 2018 10th International Conference on Communication Systems and Networks, COMSNETS 2018.

23. J. Cui, J. He, Y. Xu, and H. Zhong, TDDAD: Time-based detection and defense scheme against DDoS attack on SDN controller, in Lecture Notes in Computer Science (including subseries Lecture Notes in Artificial Intelligence and Lecture Notes in Bioinformatics), 2018.

24. Y. Yu, L. Guo, Y. Liu, J. Zheng, and Y. Zong, An efficient SDN-Based DDoS attack detection and rapid response platform in vehicular networks, *IEEE Access*, 2018.

25. H. D' Cruze, P. Wang, R. O. Sbeit, and A. Ray, A software-defined networking (SDN) approach to mitigating DDoS attacks, in Advances in Intelligent Systems and Computing, 2018.

26. R. Hadianto and T. W. Purboyo, A Survey Paper on Botnet Attacks and Defenses in Software Defined Networking, *Int. J. Appl. Eng. Res.*, 13, 1, 483–489 2018.

27. H. Peng, Z. Sun, X. Zhao, S. Tan, and Z. Sun, A Detection Method for Anomaly Flow in Software Defined Network, *IEEE Access*, 2018.

28. J. Costa-Requena *et al.*, SDN and NFV integration in generalized mobile network architecture, in *2015 European Conference on Networks and Communications, EuCNC 2015*, 2015.

29. X. Zhao, Y. Lin, and J. Heikkila, Dynamic texture recognition using multi-scale PCA-learned

filters, in *Proceedings-International Conference on Image Processing, ICIP, 2018.*

30. S. Scott-Hayward, S. Natarajan, and S. Sezer, A survey of security in software defined networks, IEEE Communications Surveys and Tutorials. 2016.

31. D. Kreutz, F. M. V. Ramos, and P. Verissimo, Towards secure and dependable software-defined networks, in HotSDN 2013-Proceedings of the 2013 ACM SIGCOMM Workshop on Hot Topics in Software Defined Networking, 2013.

32. M. Antikainen, T. Aura, and M. Särelä, Spook in your network: Attacking an SDN with a compromised openflow switch, in *Lecture Notes in Computer Science (including subseries Lecture Notes in Artificial Intelligence and Lecture Notes in Bioinformatics), 2014.*

33. A. Akhunzada, E. Ahmed, A. Gani, M. K. Khan, M. Imran, and S. Guizani, Securing software defined networks: Taxonomy, requirements, and open issues, *IEEE Commun. Mag.,* 2015.

34. L. Schehlmann, S. Abt, and H. Baier, Blessing or curse? Revisiting security aspects of Software-Defined Networking, in *Proceedings of the 10th International Conference on Network and Service Management, CNSM 2014,* 2014.

35. B. Krebs, Study: Attack on KrebsOnSecurity Cost IoT Device Owners $323K — Krebs on Security, Brian Krebs's cyber-security blog, 2016.37. KDD-CUP, "KDD-CUP," ACM Special Interest Group on Knowledge Discovery and Data Mining, 2016.

36. S. Shin, L. Xu, S. Hong, and G. Gu, Enhancing Network Security through Software Defined Networking (SDN), in *2016 25th International Conference on Computer Communications and Networks, ICCCN 2016,* 2016.

37. N. Handigol, B. Heller, V. Jeyakumar, D. Maziéres, and N. McKeown, Where is the debugger for my software-defined network?, in *HotSDN'12-Proceedings of the 1st ACM International Workshop on Hot Topics in Software Defined Networks,* 2012.

38. Shin S, Porras P, Yegneswaran V, Fong M, Gu G, Tyson M. FRESCO: modular composable security services for software-defined networks. ISOC NDSSS.

39. R. T. Kokila, S. Thamarai Selvi, and K. Govindarajan, DDoS detection and analysis in SDN-based environment using support vector machine classifier, in *6th International Conference on Advanced Computing, ICoAC 2014,* 2015.

40. S. Shin and G. Gu, Attacking software-defined networks: A first feasibility study, in *HotSDN 2013-Proceedings of the 2013 ACM SIGCOMM Workshop on Hot Topics in Software Defined Networking,* 2013.

41. S. Nanda, F. Zafari, C. Decusatis, E. Wedaa, and B. Yang, Predicting net-work attack patterns in SDN using machine learning approach, in *2016 IEEE Conference on Network Function*

Virtualization and Software Defined Networks, NFV-SDN 2016, 2017.

42. W. Navid and M. N. M. Bhutta, Detection and mitigation of Denial of Service (DoS) attacks using performance aware Software Defined Networking (SDN), in *2017 International Conference on Information and Communication Technologies, ICICT 2017*, 2018.

43. J. Pan and Z. Yang, Cybersecurity challenges and opportunities in the new 'edge computing + iot' world, in *SDN-NFVSec 2018-Proceedings of the 2018 ACM International Workshop on Security in Software Defined Networks and Network Function Virtualization, Co-located with CODASPY 2018*, 2018.

第7章
基于物联网的能源互联网优化和安防生态系统的最新进展

希尔帕·桑比*、希卡尔·桑比、维卡斯·辛格·巴多里亚

摘要： 在印度，智慧城市和万物互联的概念正在快速成形，对电力能源的依赖日益增加。为了克服电力短缺并满足尚未接入国家电网家庭的电力需求，可再生能源正在被迅速推广。考虑印度的输电与配电损耗、电力盗窃、电力设备故障和消费者拖欠电费，总体平均损耗仍然相当高。在印度日益增长的电力需求和效率低下的背景下，通过在印度分销公司中采用新技术如物联网，可以优化不稳定的电力能源情景。当能源与互联网整合时，便形成了所谓的能源互联网。这项技术将有助于收集电力生产、分配和传输的实时信息。因此，能源领域将向去中心化、数字化和去碳化的系统过渡，从而创建一个智能交易平台，催生真正的"产消者"。这样的系统将能够在设备维护、能源审计、客户服务时收集连接、计量和计费、设备管理等信息。这些好处将扩展至公用事业和电网运营商，因为其能够通过直接与这些产消者互动，实现供需平衡。

物联网还以有益的方式支持将可再生能源整合到电网中。物联网提供了两种技术使该系统实现自治——区块链和SDN。这两种技术都有各自的优缺点，本章将详细讨论。本章还讨论了印度公用事业在互操作性、可靠通信和网络安全方面的问题。

关键词： 能源互联网、物联网、物品万维网、区块链、SDN

7.1 引言

2015年，印度政府启动了智慧城市任务，目标是发展一个包含四大支

---

* 独立研究员，邮箱：shilpasambi@gmail.com。

柱——制度、物理、社会和经济基础设施的生态系统。智慧城市的核心要素包括最优的水和电力供应、高效的移动性和公共交通、负担得起的住房、有效的废物管理、Wi-Fi 连接和数字化、可持续的环境、公民的安全与保障、健康和教育[1]。所有这些核心要素通过传感器技术相互连接，实现更好的管理。这被称为智慧城市 1.0，意味着公共交通系统、水系统、停车场、路灯和其他必需的便利设施通过传感器技术相互连接。智慧城市的下一阶段旨在在提高生活质量的同时改善城市服务。这被称为智慧城市 2.0，意味着城市将能够通过使用数据、数字化和以人为中心的设计这三大维度，智能地做出服务决策[2]。因此，我们现在可以观察到从更智能的事物到更智能的决策的转变。智慧城市除了为居民提供更好的生活质量，还在努力实现经济竞争力和可持续环境。这将有助于政府、公民和企业参与一个智能连接的生态系统。一些决定是根据公民提交给最终用户的数据做出的，城市官员可以分析这些实时数据，以改进或重新开发能源使用、水资源管理和废物管理系统[3]。例如，为了简化废物管理系统，可以跟踪车辆，以便垃圾车重定向到由于某些因素而跳过垃圾收集的路线。另外，公民可以查看实时交通和特定目的地的下一班公交车的时间；哮喘患者可以通过选择替代路线来避开高污染区域；家庭可以通过访问有关海滩和公园的信息来计划其一日游。所有这些例子都意味着智慧城市将是连接的、网络化的和协作的。

由于印度正在处理人口过剩的问题，智慧城市为有效使用空间和资源提供了一个良好的解决方案，以促进高质量的生活[4]。这需要增强公民和行政管理机构之间的互联性。此类互联性可以通过物联网、先进的信息通信技术、机器学习和大数据的结合有效地实现。例如，一个传感器网络可以连续监测天气或环境条件，从而帮助人们找到改善空气质量和其他影响生活的参数的措施。同样，传感器网络可以用于改善和维护公共财产，如道路、桥梁、医院和学校。因此，智慧城市满足了人口的社会和心理需求[5]。

智慧城市将由电力驱动；这些能源将被家庭（灯具、空调/加热器、热水器、冰箱、微波炉、手机、笔记本电脑、电动汽车等）、个人（使用应用程序控制设备等）、街道和公园的灯光、CCTV、传感器和其他设备用于控制和维护智慧城市的不同操作[6]。这意味着能源消耗将增加，因此必须生产更多的能源。这种增加的能源需求可以通过热电厂来轻松满足。在这里，我们必须了解与热电厂相关的问题。热电厂的电力发电是通过燃烧煤炭完成的。与煤炭燃烧相关的问题包括：①需要大量的水；②向地表水排放砷和铅，造成水污染；③煤炭燃烧会向空气中排放二氧化碳、二氧化硫、氮氧化物和汞，导致空气污染。在当前情况下，我们正面临最严峻的环境挑战[7]。如太阳能这样的可再生能源可以解决这个问题。太阳能是清洁的，不会导致气候变化[8]。根据印度政府的指示，公共建筑必须安装太阳能电池板，以产生各种运营所需的部分电力[9]。如果太阳能电池板产生的能源超过建筑消耗的能源，那么其可以将多余的能源发送到电网，以产生收入。现在，电网系统可以发挥作用了。电网是一个由电力能源提供者和消费者组成的网络，通过来自不同位置的传输和配电线路连接[10]。如果要在电网中进行故障修理或定期维护，则必须关闭电网。这意味着连接到此电网的消费者在维修/维护期间将不会收到任何电力，这成为电网系统的主要缺点。解决这个问题的方法之一是微电网。其是一个小型电网，相当于一个去中心化的能源生产和分配系统。通常，微电网包括分布式发电机和可再生风能及太阳能资源。其还与主电网集成，以满足高能耗需求，并在维修期间关闭；现在可使用热成像便利地开展维修/维护工作。像公共建筑等场所正在大规模采用太阳能发电。除了微电网所带来的灵活性和特有的功能，产生的多余能源可以送回微电网以产生收入。如果这些电网使用物联网技术连接在一起，那么它就成为智能电网。智能电网的部署通过自动化过程改善了功能、维修/维护工作和预测。物联网工具确保不同的电网可以有效地相互通信。

传统的能源交易模型在获得不同发电单元的发电数据和不同消费者的能源消费模式方面存在几个问题。相关问题包括：①交易透明度低；②交易数据篡改风险；③要从网络攻击中保护发电和消费历史数据的隐私性；④满足动态能源需求的复杂性。

为了使系统灵活、安全并优化操作，可以在智能电网中实施智能能源管理系统。采用物联网技术，如人工智能、机器学习、区块链和SDN，将有助于制定最优的电力流动策略。这样，能源交易将从集中系统发展为分布式/去中心化系统。因此，如果一个计算机系统的数据丢失，不会影响整个电网系统的运行，因为可在其他计算机系统中找到数据。智能交易平台将催生"产消者"，这意味着同一个人可以在智能电网中扮演供应商和消费者的角色。换言之，智能电网与可再生能源资源一起，可以使系统清洁、安全和高效。

本章其余内容如下：7.2 节介绍了家庭自动化和智能家居之间的区别；7.3 节给出了发电转向可再生资源的原因；7.4 节介绍了应用物联网进行能源管理的好处，7.5 节讨论了物联网在智能电网中的作用；7.6 节介绍了现有系统的瓶颈；7.7 节陈述了物联网技术为安全交易提供的解决方案；7.8 节介绍了能源互联网与物联网和区块链的融合；7.9 节以讨论能源互联网中安防生态系统面临的挑战结束本章。

7.2　家庭自动化和智能家居之间的区别

通过安装合适的传感器和控制器，实现不同设备的自动化。嵌入在控制器中的软件程序根据从传感器接收的信号操作设备。这使得设备变得"智能"。例如，房间的灯可以根据房间里是否有人自动开启或关闭。如果特定的房间内没有人，灯就会关闭，否则就会打开。这是通过在房间里连接被动传感器，即红外传感器实现的。该传感器连接到一个控制器，控制器将根据从传感器接收的信号打开或关闭灯。同样，像电视机、洗衣机、冰箱、空调、热水器、水泵等家用电器也可以变得智能。这是家庭自动化，如图 7.1 所示，每个设备独立运作。通过传感器接口和适当的软件编程，设备实现自动化和有效控制。在家庭自动化中，家用电器自动工作，但不能通过移动应用程序或网页进行控制或监控。

而在智能家居中，家用电器不仅自动工作，还可以通过移动应用程序或网页从远程位置进行控制或监控，如图 7.1 所示。这些家用电器通过物联网工具变得"智能化"[11]。例如，如果水泵意外开启，可以通过相应的应用程序检查其状态并关闭。在电器插座上安装的功率分析器可以测量电器消耗的电能。传感器连接到控制器，控制器将数据发送到云端；用户可以通过移动应用程序或网页访问此类数据，从而监控和控制家电。智能家居中使用的传感器、控制器和设备可能有不同的通信协议[12]。为了以统一的协议收集此类设备的数据，实现智能设备的同步通信，可以构建一个操作系统来满足这一协议要求。然而，这可能会增加系统的复杂性。因此，可以利用现有的网络平台，如"网络/互联网"。

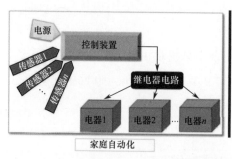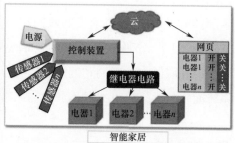

图 7.1　家庭自动化和智能家居

　　将数据整合到一个共同的平台，可以将来自不同传感器的所有数据汇集到云端。用户可以从云端访问数据，并适当地使用数据从远程位置控制和监控设备。由于传感器数据被发送到云端并被从云端监控，这被称为物品万维网（WoT）[13]，如图 7.2 所示。例如，可以在主人到家前几分钟远程开启空调或热水器；智能摄像头可以发送监控区域的图片，并将图片保存到云端以备将来使用。

　　物联网工具还可以提供高效的监控系统，用于实时监控建筑物[14]。可以在建筑物的不同位置安装合适的气体和烟雾传感器，以检测火灾。除了触发警报，传感器还可以通过控制器连接到互联网。当传感器检测到超过阈值的烟雾时，可以通过消息将信号发送到最近的消防站，以便及时采取行动。另一个例子是电梯监控系统。一栋建筑物中可能有多个电梯。每个电梯的控制器信号可以通过互联网发送到云端，这样维护人员可以监控所有电梯的状态，以确保电梯安全和可靠地运行。

　　智能家居的能耗通过智能电表进行监控。传统电表显示消耗的能源，需要有人记录读数以生成账单。这意味着有额外的电表读数成本。此外，读数可能会受错误和安全问题的影响，因为电表通常安装在家庭内部。智能电表解决了这些问题。智能电表将实时用电量数据发送到云端[15]。用户和相关部门可以通过移动应用程序或网页监控电力消耗数据。这可以帮助用户定期监控电力消耗[16]。此外，如果该系统与银行账户或电子钱包绑定，则可以实现自动扣费。该系统具有一致性、稳健性、高效性且具有成本效益，是高级监控基础设施（AMI）的一部分。因此，智能电表是智能电网的重要组成部分。

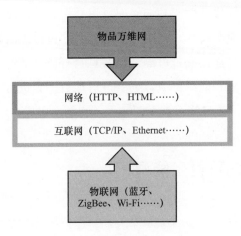

图 7.2　物联网和物品万维网

　　除了智能家居，智慧城市还将拥有智能街灯、供水和储水系统及有效的监控系统[17]。路灯与传感器相连，检测周围环境的光线和运动，通过物联网工具可以控制和监测与具有实时时钟的控制器连接的相关电路。控制器负责通过互联网将数据发送到云端。传感器可以根据周围环境/阳光、人数和天气条件开启/关闭路灯及调节灯光亮度[18]。同样，可以使用适当的距离测量传感器实时检查储水箱中的水位。可以将传感器的信号发送到储水箱的阀门，以控制供水的开启和关闭。在各个点安装流量传感器，以检查水流速率和管线泄漏。这有助于减少水的浪费。可以在城市的多个位置安装基于物联网工具的监控系统，以实时监控相关事件[19]。在发生事故时，安全人员可以及时采取必要的行动。为了进行有效监控，可以安装智能摄像头并记录事件视频。视频可以保存在云端以备将来使用。城市的医院/警察局也可提前得到通知，以便其在病人/受害者到达之前做好准备。到目前为止，讨论的智慧城市的参数是有限的，可以根据需要进一步扩展。

让我们考虑一个电动汽车充电站的例子。每个智慧城市都必须为电动汽车（EV）配备充电站，因为印度的电动汽车数量正在快速增加[20]。电动汽车的电池将存储能量并用于驱动。可以测量电池的充电状态（SoC），并将数据发送到云端。基于物联网的 SoC 远程监控可以帮助用户决定是使用电网到车辆（G2V）系统充电还是将存储的能量通过车辆到电网（V2G）系统[21]卖回电网。这样不仅优化了能源利用，而且也产生了清洁能源，并且不会产生任何污染。印度的能源需求正在迅速上升，转向可再生能源形式及在智能电网中采用物联网工具被证明是可靠、稳健且具有成本效益的举措。可以使用传感器收集实时需求和能源供应数据。可对该数据集进行分析，以研究负载模式，可使用物联网工具如机器学习和人工智能，以提高效率。

7.3 发电转向可再生能源

水热发电厂使用化石燃料（如煤）和自然资源（如水）发电。但随着能源需求的增加，这些资源正在迅速枯竭。此外，使用煤炭发电会导致空气污染，印度正在经历最严重的空气污染阶段。水资源也在更快地枯竭。因此，印度政府已经采取了一项举措，通过向生产者提供优惠，激励发展可再生能源，特别是太阳能。

用可再生能源如太阳能发电有很多好处。太阳能是一种无污染的能源，因此太阳能电池板可以位于住宅和商业区域，这被称为电网。由于负载靠近电网，因此与热电厂相比，其传输和分配损失较低[22]。因此，可以直接从电网购买电力，能源成本远低于传统热电厂。这意味着外部规模经济也推动了太阳能的应用。

电网是一个将电能从生产者传输到消费者的互联网络。政府正在促进私人参与通过可再生能源发电，但天气波动可能会带来可再生能源的可变性[23]。对于使用可再生能源的个人发电资产而言，其发电效率具有不确定性。这种不确定性可能有两个因素：①能源供应的可变性；②能源需求的可变性。天气条件的波动可能会导致太阳能容量（由于云层）下降高达 70% 及风力容量下降 100%（无风天）；能源供应的变化可以以秒、天和小时的尺度来衡量。基于历史数据，可以进行预测分析，以了解消费者的消费模式/能源需求。将新技术和新方法与智能电网集成，可以处理每分钟和每小时的能源供需变化。可以在电网上安装大规模存储设施，如果需要，可以建立可再生电力的长距离输电线路，以便访问其他电网的能源，从而平衡区域能源需求和供应。现在是时候通过可再生能源来增强电力发电，提高其成本效益了[24]。

有效的天气监测和预报系统将有助于：①预测每天或每小时使用可再生能源的发电量；②提高电网的可靠性；③减少热电厂的发电量，从而减少煤炭燃烧和因此造成的空气污染；④节省资本和运营成本，从而使能源更便宜。

7.4 应用物联网技术的稳健能源管理

通过互联网相互连接的物理系统网络被称为物联网。这些物理系统可以是任何嵌入了传感器和相关软件的电子设备。这些设备连接到有线或无线网络，从而能够与其他电子设备进行通信。此类设备可用于监控、定位和分析许多活动[25]。所有这些设备都需要使用相同的互联网协议（IP）连接到互联网（见图 7.3）。物联网的基本组件如下。

（1）智能系统：不同的智能设备嵌入了不同的软件，为了让每个设备的数据兼容，需要一个共同的平台——互联网。此类无缝连接使系统足够智能，能够分析环境。

（2）传感器网络：传感器使设备/机器能够模仿人类识别和评估事件的能力。此类信息存储在云端，以便进行分析和进一步行动。

（3）人机通信：系统通过无缝的机器–机器通信和人机通信变得智能。此类通信使设备能够与现实环境互动。

（4）节能且稳健：智能设备在真实环境中工作，这种环境可能非常恶劣，对设备来说条件可能很艰苦。物联网设备必须具有很好的可靠性，以保持能效。

（5）安全系统：设备的数据被传输到云端，然后传输到其他接入点，无论是通过有线系统还是无线系统。此类数据可能容易受到安全威胁。因此，采取适当的安全措施来保护数据安全非常重要，如设备认证、防火墙、入侵预防系统（IPS）、区块链、SDN 等。

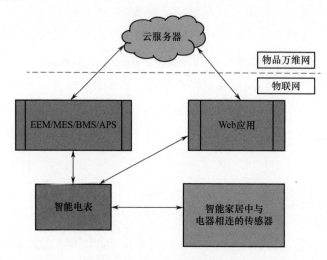

图 7.3　通过云服务器通信的设备

物联网工具有助于使用预定义算法分析电力的生成和消耗，从而提高整体效率。通过使用高端物联网工具，如数据挖掘，进行电力消耗的即时监控和监督，可以实现能源生成的可持续性及电力的有效分配。这种分析可能有助于获取关于能源浪费的全面信息。将灯泡、开关、电视机、电源插座等智能家用电器与互联网结合，可使能源发电公司更高效地生产能源。由于电力使用数据被发送到云端，消费者能够从远程位置控制家用电器。这意味着消费者能够通过基于云端的界面集中管理家中的不同电器。换言之，使用通过互联网连接的传感器和执行系统，可优化整体电力消耗。物联网与能源管理系统融合的主要目的是允许相关实体通过共同的信息模型相互通信[26]。了解能源管理的实践非常重要，这些实践基于三层形式，具体如下所述。

- 底层：这一层包括与智能电表相连的传感器和电器，智能电表用于测量电力消耗，它们通过互联网连接以实现无缝通信。使用智能电表的好处是，其可以测量功率因数和最大 / 最小峰值电压，据此监测和分析电力消耗模式。值得注意的是，智能电表可以部署在家中，以研究不同时间段的消费模式，或者部署在工业场景中，无论是单个机器还是生产线，此类数据有助于实现能源的最佳利用。

- 中层：这一层负责数据传输，并作为不同设备之间通信和执行所需任务的媒介。其从与智能设备集成的不同传感器收集数据，并通过标准通信协议如超文本传输协议（HTTP）、TCP/IP 等将数据发送到云端。
- 顶层：由智能电表收集的电力消耗数据可以转移到合适的能源管理软件。该软件可以是企业能源管理（EEM）、制造执行系统（MES）、楼宇管理系统（BMS）或高级生产排程系统（APS）。可以进行详细分析，以检查能源浪费并优化不同点的电力消耗。

7.5　物联网技术有关安全交易的解决方案

机构可对利用不同种类的传感器收集的全部数据进行分析。例如，通过收集特定地区的电力消耗模式，机构可以计划进一步的负载调度和机器或输电线路的预测性维护。这样，机构将能够制订在维护和故障情况下所需的材料/组件库存计划。在不同地点和不同时间点发生的不同故障数据将帮助组织了解故障的主要原因。这种分析可帮助其修改组件的设计，以减少进一步损失并降低更换/维护成本。在数字化转型时代，确保捕获的数据不会丢失或不会遭到黑客攻击非常重要。因此，应了解物联网网络安全解决方案[27]。物联网技术提供的安全可靠的交易解决方案分类如下。

7.5.1　集中式方法

适用于无线传感器网络和机器对机器（M2M）通信的安全解决方案被归类为基于密码学的技术[28]。这种技术适合用于物联网通信，并确保数据的安全性和隐私。作为安全措施的一部分，仅经过认证的用户可使用数据。值得一提的是，这些解决方案运行于集中式环境。中央可信实体确保智能系统的顺利运行，但如果系统面临技术问题，整个数据可能会丢失。此外，随着智能设备数量的增加，这种传统方法面临可扩展性问题，数据管理成为一个巨大的挑战。

7.5.2　去中心化方法

为了解决可扩展性问题和数据丢失的问题，新的安全解决方案出现了。这些解决方案提供去中心化的处理方式，这意味着它们能够管理大规模设备互联，并且数据在网络中的每个节点上都有分布。因此，如果一个节点的数据丢失，可以从其他节点恢复数据。以下两种新兴技术可为安全解决方案提供去中心化的方法[29]。这两种技术各有利弊，将在下面解释。

1. 区块链技术

这项技术基于点对点架构，无须任何中央信任服务器。此外，参与交易的两个实体无须相互信任。一旦交易得到验证，就几乎不可能抵赖。这项技术解决了数据隐私和访问控制的挑战。其特别适用于开放分布式网络上的数字交易[30]。其允许在点对点网络上安全地执行智能合约，无须银行、律师和会计师等中央机构。因此，我们可以说区块链提供了独立的交易。其他参与者充当两个实体之间交易的见证人。这些交易打上了时间标记并存储在数字账本上，形成区块。在特定时间间隔内发生的一系列交易构成不同的区块，这些区块相互锁定，形成区块链。这一过程可以参考图 7.4。这个区块链在网络中的每台计算机上都有副本，因此被称为分布式账本；这意味着如果一台计算机的数据由于某种原因丢失，还可对整个数据进行检索，因为数据是去中心化的。区块链中记录的交易可以随时间被验证，因为记录永久存储在数字账本中。

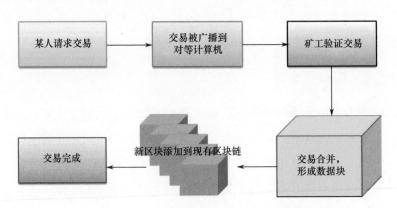

图 7.4　使用区块链进行安全交易的过程

使用区块的哈希值进行互锁，这通常是交易发生的时间戳。这些哈希标签可被视为安全标签。这意味着，如果需要更改任何交易的数据，则会形成一个新的区块，其中也包含前一交易的信息。换言之，区块链将被再次刷新，新区块链中将显示更改。无法以任何方式修改之前的区块。因此，我们可以说交易是完全防篡改和安全的。如果任何攻击者试图攻击、修改或擦除任何交易，他们必须更改后续区块中的所有哈希，这在计算上是不可行的，因为区块链是不可变的。

区块链还有一个重要特点是，其既不被单一实体控制，也没有法律上的所有权[31]。区块链实体之间开发了一种名为共识协议的计算机代码，目的是利用区块链中存储的信息赋予实体决策能力。这个协议在实体之间建立信任，并且不再需要像律师和会计师这样的中介实体。这个功能被称为"智能合约"。因此，我们可以说智能合约就像实体之间的法律协议，由律师和会计师制定。如果被智能合约接受和验证，区块链中执行的所有交易或应用程序都被认为是真正的去中心化应用。区块链使用一种被称为工作量证明（PoW）的去中心化和自动化验证方法进行验证。在公共区块链中，哈希由被称为"矿工"的特殊节点完成。要将区块放入区块链，必须解决一个预定义的数学难题。这个难题被称为 PoW。首先解决 PoW 的矿工将获得一些货币激励。但这个模型有一个主要缺点：矿工需要高计算能力的计算机来竞争解决 PoW。有时，这种高计算能力被认为是浪费，并且激励没有适当地支付给矿工。为克服这些缺点，公共区块链被更改为私有区块链，用于其他潜在应用，如在智能电网系统和工业 4.0 中实施区块链[32]。

私有区块链通常被称为工业区块链。与公共区块链不同，其由单一实体拥有和控制[33]。现在，私有区块链也可以是基于财团的、经过许可的区块链，并且是一个本地事件。财团区块链由一群公司拥有和控制，而经过许可的区块链为经过验证的用户执行特定任务提供特殊权限。

这样的私有区块链适用于服务行业，如智能电网和配电、智能家居、医疗保健、智能制造、工业 4.0 等。值得一提的是，在私有区块链中，矿工被单一实体或成员组取代，PoW 被替换为一个合适的协议，被称为权益证明（PoS）。实体需要频繁证明它们自己的资产所有权，验证过程根据个体实体的资产百分比进行分配。

例如，如果一个实体持有区块链资产总量的 20%，那么该实体将不得不执行 20% 所需的挖掘活动。

因此，PoS 可以大量节省计算能量和运营成本，因为去中心化验证过程的复杂性降低了。

让我们尝试理解区块链技术的工作过程。考虑三个实体 A、B 和 C。在初始状态，假设 A 有 100 卢比，B 有 70 卢比，C 有 120 卢比。这将反映在银行维护的集中式账本中。当一个实体向另一个实体转账时，发生的事件序列如表 7-1 所示。

表 7-1　事件序列

案例号	交易号	银行账本状态
1	A 向 B 转账 30 卢比	A 有 70 卢比，B 有 100 卢比
2	A 承诺给 C 80 卢比	根据最后更新的银行账本，这笔交易是不可能的
3	B 退还 A 30 卢比	A 有 20 卢比，C 有 200 卢比

在整个货币转移过程中，所有三个实体都必须更新它们的账户余额。它们将相当多的时间和精力花费在协调、同步和检查上，以确保交易成功。在使用区块链技术时，会维护单一账本，并使用所有实体的交易条目进行验证。这个账本是去中心化的，这意味着实体有权随时访问这个账本。所以，在区块链中有单一版本的记录，而不是不同的数据库。去中心化银行系统案例可以参考图 7.5。

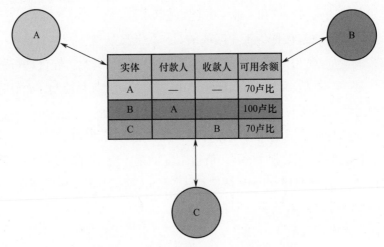

图 7.5　使用区块链的去中心化银行系统

2. SDN

这是一种新的范例，用于开发灵活的网络解决方案，并使用集中式 SDN 控制器控制网络资源[34]，目的是以编程方式分离网络控制平面和数据平面。这样，可以使用集中式 SDN 控制器控制网络流量的配置和动态。控制器的任务是为 SDN 架构中的设备指定规则集。这些设备可能包括路由器、交换机、网关和相关的物联网设备。SDN 架构中的设备无法自主做出控制决策，而是从 SDN 控制器那里学习这些规则。在设备网络资源受限的情况下，SDN 架构为解决物联网环境中的可扩展性、安全性和可靠性挑战提供了一种高效且灵活的解决方案。针对安全问题的多样性，有不同种类的 SDN 架构。有一种架构类型重点放在管理多个 SDN 域之间的安全策略上。换言之，每个 SDN 控制器在其域内遵循安全政策，并与其他控制器管理的域外安全策略进行协调。另一种架构提议使用 OpenFlow 协议。在这里，物联网节点充当 SDN 网关，识别来自被入侵设备的恶意攻击，并采取适当的缓解措施。OpenFlow 协议不仅提供了充足的计算能力，还有以下优点：①在同一网段中验证节点；②实施充分的安全规则。通过这种方式，SDN 网关交换安全规则，以在不同网段的节点之间建立安全连接。根据不同的应用领域，还有其他更高级和定制的架构可供选择。图 7.6 对比了传统网络和 SDN。

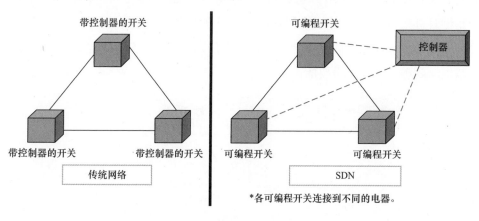

图 7.6　传统网络与 SDN

SDN 是一种新兴技术，尚未完全成熟，不足以解决物联网中的安全问题[35]。SDN 架构面临的潜在挑战如下。

（1）由于 SDN 控制器在集中式架构中运行并为设备制定规则，因此这些控制器可能成为攻击的目标。

（2）如果 SDN 控制器遭到攻击，数据平面也会面临威胁，这将降低网络性能。

（3）随着物联网设备数量的增加，SDN 方法可能会遇到可扩展性问题，进而降低网络效率。

例如，如自动引导车辆（AGV）这样的车辆网络提供了一个高度动态的环境。网络拓扑变化的频率很高，因为 AGV 之间交换了大量数据。在将数据从一个 AGV 传输到另一个 AGV 时，SDN 控制器需要检查和验证安全策略及其他相关配置。在这种情况下，采用集中式 SDN 控制器可能会耗时过多。

7.6 物联网在智能电网中的作用

鉴于物联网的优势，这项技术在城市、交通、灌溉、家庭、健康、工业、物流等多个领域得到应用。预计到 2025 年，将有大约 410 亿个连接的物联网设备，产生约 80 ZB 的数据。物联网与电网的结合使电网变得智能、稳健且高效[36]。有多种架构配置可用于在智能电网中应用物联网。图 7.7 展示了一个使用区块链的基本架构。智能电网的运作可以分为四个部分：发电、输电、配电，以及最重要的消费者消费[37-38]。

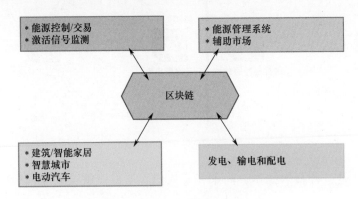

图 7.7 通过区块链进行能源交易

7.6.1 发电

现有系统：不断增长的能源需求和现有热电站造成的污染应受到密切关注，这导致了向可再生能源发电的快速转变，如太阳能和风电。选择在全年阳光充足的地区安装光伏（PV）板，利用太阳能发电。太阳能发电站可以是太阳能农场或太阳能树的形式。同样，在风速高的地区安装风力涡轮机。因此，我们可以看到：①地理位置对于通过可再生能源建立发电站至关重要；②而阳光和风速由于依赖天气条件，所以存在不确定性。换言之，通过可再生能源发电的可靠性和可预测性将会产生波动。

应用物联网的优势：物联网技术与可靠的天气预报系统相结合，可以显著提高预测未来可再生能源电力供应的能力。通过部署温度、湿度和风速传感器，系统能够收集关键的天气数据并发送至云端进行分析。太阳能发电系统的工作流程如下。

（1）光伏板、直流升压转换器及电池配备电流和电压传感器。

（2）此类传感器连接至控制器。

（3）控制器在接收到来自多个传感器的信号后，将此类数据传输至云端数据库进行存储。

（4）远程产消者可以通过网页或移动应用程序分析此类数据，具体分为两种方法：

①在第一种分析方法中，产消者可使用净计量概念，将多余的能量出售回电网。

②在第二种分析方法中，最终用户可以监控机械的健康状况，这有助于创建预测性维护计划。

以类似的方式，在通过风力、水力和热力发电厂发电时，可以采用物联网工具。

7.6.2 输电

传统系统：输电线路遍布数千千米，以触达消费者。以前，这些线路是通过定期的人工访问进行监控的，但这一系统在检查偏远地区的线路时存在挑战。这是一种不可靠的输电线路监控系统。相关设备和塔面临像气旋、雷暴和地震这样的天气条件造成的损坏。塔可能会因为极端天气条件而倾斜或振动。

应用物联网的优势：通过集成物联网工具，可以创建一个在线监控系统，该系统可以提供有关早期故障检测、导体温度、风速和其他天气条件的信息。此类信息可能有助于监控输电线路的性能及其工作状态。在每个塔上部署电力分析器将有助于识别能量损失。能量损失的主要原因之一可能是电力盗窃，因此可以及时采取行动以防止这种情况。因此，我们可以认为，结合物联网工具的电力系统组件监控系统将是稳健和可靠的。

7.6.3　配电

现有系统：需要训练有素的人员来检查发电、输电和配电设备。但这种过度依赖人工的系统存在一个问题，即如果一台机器无法正常运行，那么电力的传输和因此的分配可能会受到影响。换言之，我们可以说，电力供应将会受到干扰。

应用物联网的优势：为每台机器制订有效的维护计划至关重要，这样其才能在使用寿命内以最佳状态工作。良好的维护计划总有助于提高可靠性和成本效益。事实证明，在线监控系统在以下方面具有优势：①有助于识别需要关注的设备及其位置；②维护计划、设备健康和天气监控等报告可以保存在云端数据库中，供未来分析；③减少了手动监控系统。此外，部署的智能电表将收集能耗数据并将其发送到云端数据库。这样，可以收集有关每个区域的负载消耗信息，并优化能量分配。因此，可在智能电网中安装传感器来测量温度、湿度、噪声、振动、电流和电压。支撑输电线路的输电塔可能会由于高风速、气旋和其他自然灾害而发生倾斜，因此可以在塔上安装倾斜传感器以在塔倾斜时及时采取行动。

7.6.4　消费者消费

智能电网与配电系统融合，结合需求侧的负荷管理，可以构建一个高效的从发电站到用户端的生态系统。这种融合被称为智能电力。使用智能电气设备可实现这一概念。这些智能设备通过互联网相互连接，形成一个智能的配电网络。这样的网络可以带来诸多电网优势，比如降低能源损耗、提高电器的运行效率、增强电力质量、优化能源使用，并减少消费者的电费。随着物联网工具的部署，这个生态系统将变成一个电力供需之间的双向系统，预期将为电力生产商、分销商和消费者带来好处。

7.7　现有系统的瓶颈

- 输电线路损耗：输电线路从发电站延伸至配电点，覆盖数千千米。在不同节点需要对电压进行升降压，这会导致电力损耗。这些损耗相当大，最终由消费者承担。
- 可靠性不足：在印度，电网采用集中式、基于公共事业的模式。这意味着电网基础设施的覆盖，特别是在农村地区，是有限的。此外，不得不经常在农村地区实施负荷削减。
- 电力成本高昂：输电线路损耗越大，电力成本就越高。这意味着农村地区的市场难以承受高昂的电力费用，导致电力窃取和盗窃问题日益严重。
- 净计量问题：印度超过 23 个邦已经批准了可再生能源发电项目。这意味着，如果个人安装了屋顶太阳能系统，其可以将多余的电力送回电网，并通过净计量系统获得信用。这些信用会在消费者的账单中进行抵扣。换言之，同一个人既是太阳能的消费者，也是向电网输送多余能量的生产者，被称为产消者。有时，由于系统错误，账单中可能不会正确抵扣这些信用，导致消费者对使用太阳能产生不信任。
- 农村市场的挑战：主要挑战是过度依赖人工进行电表读数，以生成并定期收集电力消费账单。农村市场的消费者常常因为就业问题和电力成本高昂而无法定期支付电费。

7.8　能源互联网与物联网和区块链的融合

传统电网是集中式的，导致了能源分配上的效率问题，如未利用的过剩能源。这意味着受停电影响的地区将无法获得电力。因此，实时平衡供需对于电网及其相关设施的有效运行至关重要。此外，电网还必须直接吸引产消者。电网还应以成本效益的方式整合可再生能源。可以通过区块链技术，从本地电网建立一个点对点的基于区块链的能源交易系统，以减少对能源存储的需求[39]。换言之，区块链的去中心化特性允许分布式能源生产者无缝地向其所在地区的消费者出售能源。这种机制被称为群组净计量[40]。这里需要指出的是，长距离输电线路的需求及其相关损失也将减少。将区块链技术与智能电表相结合，并连接到智能电网和配电网络，将极大地提高能源分配的效率。

智能电表是收集能源消耗数据的节点。区块链使用去中心化、数字化和去碳化的数据处理技术来记录此类数字交易。此类数据将被复制和同步，对网络中的所有用户开放[41]。每笔交易都将通过智能合约进行记录，这些合约构成了由当局决定的法律程序。智能电网的参与者可以做出能源购买决策。根据产生的和使用的能源，并根据智能电表记录的消耗和产生的盈余，资金将在产消者之间转移。这将提高能源价格的竞争性并改善公众的信任度。由于区块链技术不需要任何中间人或中央机构来执行数百万用户之间的交易，因此，其为管理能源交易中的账单和付款结算创建了一个值得信赖的系统[42]。区块链技术增加了系统的灵活性，加速了相关流程，并降低了系统的整体成本。系统从集中式系统（如能源公司、交易平台和银行）转变为去中心化系统，这通常被称为点对点交易。尽管如此，系统的参与者仍是能源公司和政府，从而构成法律程序并不时决定能源价格。

基本上，群组净计量的概念对于在局部区域推广智能微电网起到了促进作用[43]。该区域可以向住宅负载或工业负载供应能源。印度的农村地区具有开发本地智能电网的巨大潜力，因为在做出负荷削减决定时，农村地区受到的影响最严重。使用基于授权区块链的基础设施，农村部门的能源市场将具有成本效益和可持续性。在农村微电网中，点对点能源交换的设施可以带来以下好处。

（1）物联网技术的集成，即智能电表和嵌入式区块链技术，可确保信息的安全性，包括个人用户消耗的能源、产生的盈余能源及支付的款项。此类数据将永久保存，并随时可用于审计。

（2）可通过合适的移动应用程序访问区块链信息。

（3）产消者可通过 aadhar 号码自动验证，并通过与 aadhar 号码链接的银行账户启用应付款项。

（4）在农村地区，可以采用预付费支付方式，这样可以解决用户拒绝支付或延迟支付的问题。

（5）如果按时支付款项，可通过链接 aadhar 号码向经济较弱的群体提供补贴。

（6）根据返回到电网的可再生能源盈余量，可以为用户提供适当的激励。

（7）基于区块链的系统可以促进农村微电网与常规电网的无缝集成，并相应地提供激励。

（8）交易是透明的，并且智能电表可确保安全，从而降低了电力盗窃的风险，并有助于债务回收。

另一个重要的参数是考虑每个能源发电厂的碳足迹。由于碳足迹对环境有影响，因此必须将其纳入能源成本。但消费者和能源公司几乎没有动机购买低碳足迹的能源。使用区块链技术，可以跟踪每个发电厂的碳足迹。此类数据不会被篡改，因此可以在销售点收取碳税。碳足迹大的能源价格将更高，因此这些能源公司必须重组以满足环保标准。目前，某些平台已经在使用区块链技术进行点对点能源交易，这些平台如下。

（1）Transactive Grid：ConsenSys 与 LO3 Energy 合作的项目，旨在通过将过剩能源供应给需要的人来减少能源存储的需求。

（2）SunContract：该平台是特别为太阳能和其他形式的可再生能源交易而设计的。建设可再生能源发电厂需要高额的初始投资。预计通过应用区块链技术，相关组织将获得良好的投资回报。

（3）EcoChain：这是一个区块链应用程序，其为产消者提供了一个平台，使他们能够投资可再生能源发电，并从中获得良好的投资回报。

（4）ElectricChain：该平台为太阳能发电厂提供激励措施。

在此，我们观察到出现了基于特定区域内产消者数量的微系统。产消者是指那些既是消费者又是生产者的个体。区块链技术提供了更巨大的发展潜力，通过提供一个灵活、可信且高度自治的能源交易平台来增加产消者的数量。换言之，区块链提供了一个透明的市场，产消者可以在这里安全地做出能源买卖决策，并进行点对点交易。

印度政府计划到 2030 年实现电动汽车的普及 [44]。目前，印度有 150 个电动汽车充电站。电动汽车车主可以使用智能插头在任何充电站给电动汽车充电。车主可以通过区块链技术提供的去中心化、灵活且可信的系统来支付电费。电动汽车可以自动与充电站互动，形成一个自主的计费系统。这样一个基于区块链的系统具有以下优势。

（1）使用智能插头将使电动汽车能够在任何充电站充电。

（2）无须第三方来维护法律程序，因为区块链中的智能合约将处理这些事务。

（3）自动解决互操作性问题。

（4）交易的透明度，即消耗的能源单位和支付的款项，对网络用户是可见的。

（5）一个简单的区块链系统将执行身份验证、充电和计费操作。任何时候都可以生成验证和审计报告，无须手动操作。

将智能区块链技术与物联网相结合，构成了一个公共区块链，其维护了彼此已知的用户之间的安全交易。因此，可以在本地和区域基础上建立多个智能区块链网络。

7.9 能源互联网的安全和安防生态系统面临的挑战

在此阶段，理解系统安全（Safety）和安防（Security）之间的区别非常重要。这两个术语都与系统风险因素有关，包括故意的或意外的风险因素。这些风险因素可能会对环境、财务、人为错误等不同参数产生影响。通常，系统的安全性可以定义为一种协议，即系统不会对其环境造成伤害。安全性与意外风险相关，如自然灾害和人为错误造成的损害。系统安防包括保护其免受来自其环境的故意攻击。因此，安防与人类为获取相关数据而进行的恶意攻击有关。安全和安防这两个术语相互影响。例如，如果智能电网和维护人员之间交换的数据受到故意攻击破坏，那么维护人员将无法执行维护计划，这可能导致电网关闭。

物联网中包含复杂的传感器，特别是无线传感器网络（WSN）、执行器和嵌入在物理对象中的芯片，从而使物联网具有智能性。这些对象相互连接并在它们之间及与其他数字组件之间交换大量数据，无须任何人工干预。一个有效的安防系统不仅应当提供保护和恢复功能，还要确保计算机中的信息免受恶意攻击。换言之，一个有效的安防系统必须具备以下特点。

（1）保密性：如果任何未授权的实体或进程试图访问某些机密信息，那么数据对那个实体或进程将变得毫无意义。

（2）数据完整性：确保数据未遭到第三方意外或故意修改。

（3）验证：执行数据来源的验证。

（4）不可抵赖性：这是一个法律因素，任何发送消息的实体将来都无法否认。

（5）可访问性：确保系统的服务对有效实体可用。

（6）隐私政策：此类政策旨在确保无法通过任何手段追踪授权用户的身份。

7.9.1　智能电网案例

电力使自动化成为可能，对整体经济发展具有重要作用。智能电网的概念起源于配电线与信息技术的结合，目的是收集消费者的需求数据[45]。此类数据有助于优化发电过程。智能电网包括一个被称为高级计量基础设施（AMI）的网络，其目的是同步发电和消费过程。物联网技术能够实现此类优化。其对安防和隐私的主要需求如下。

（1）可访问性：由传感器网络和智能电表组成的集成网络，以及由中央控制系统处理的实时优化查询，必须持续可用。网络必须足够安全，以防止入侵者发动恶意攻击。

（2）保密性：智能电表和中央控制系统之间交换的信息非常敏感，必须保密，不得向未经授权的第三方披露。

（3）可靠性：智能电表和中央控制系统之间交换的数据对于根据特定区域不同用户的消费模式做出优化决策至关重要。如果数据因任何故意或偶然的恶意攻击而损坏，则数据的可靠性将受到质疑，AMI 网络中的损坏数据可能会导致错误的电力能源优化决策。

（4）不可抵赖性：从法律角度出发，AMI 的任何实体或进程都不能否认其未收到来自中央控制系统的控制命令或相关信息。

（5）隐私政策：AMI 网络中包含的信息非常敏感，因此保护家庭和工业电力消费模式的信息变得至关重要。此类信息必须获得保护，以防受到追踪。

除了安防和隐私需求，智能电网还面临以下安防挑战。

（1）通信协议挑战：物联网系统中集成的不同设备遵循不同的通信协议，这意味着必须使信息彼此兼容，才能实现系统的自动化。

（2）可扩展性挑战：随着智能设备（如智能电表和其他智能电器）数量的迅速增加，电力消耗也在增长，因此可扩展性的增加可能导致安防挑战。

（3）易受恶意攻击：信息技术更容易受到数据盗窃或黑客攻击。智能电网收集来自不同节点的数据，并使用其来优化电力供应和需求。由于智能电网具有开放的基础设施，因此，AMI 网络中数据的可靠性和保密性容易受到注入攻击、IP 欺骗和 DoS/DDoS 攻击等。

（4）数据隐私政策：智能电表和中央控制系统之间交换了大量数据，包括每个家庭的能源消耗/实时能源使用情况及其他付款细节。这些数据必须安全，以防遭到入侵者攻击或泄露。如果数据遭到黑客攻击，入侵者可能会操纵智能电网及消费者的敏感付款信息。

7.9.2　智慧城市案例

智慧城市的新兴概念旨在提高公共资源的使用效率和人们的生活质量[46]。因此，人们在各种地点如路边、建筑物、智能设备和智能汽车上安装了不同的传感器。在公共场所，传感器网络可以帮助管理交通和监控天气状况以管理航班。在家庭中，传感器网络可以用于定位太阳能电池板，以向设备提供最佳电力，或在发生任何事件时发出警报。以电动汽车的充电站为例 [47]，借助移动应用程序，电动汽车的所有者可以找到最近的充电站。充电后，其可以使用任何一个数字银行支付账单。有效保护电动汽车充电时的能耗、充电所需时间及用户支付的详细信息变得至关重要。这些数据可以帮助人们分析能源使用情况，以便将来进行改进。电动汽车通过区块链进行安全交易的示意如图 7.8 所示。

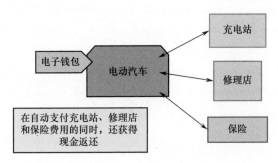

图 7.8　电动汽车通过区块链进行安全交易示意

智慧城市的安防需求可以概括如下。

（1）通过限制相关数据的访问保护信息隐私。

（2）维护信息来源和用户认证的记录。

（3）所收集数据的可靠性至关重要，因为这些数据可以用于分析和其他决策过程，这有助于改善公民的日常生活。

（4）确保经过认证的用户和决策者能够访问特定数据。

除了安防需求，智慧城市面临以下安防挑战。

（1）智能设备在应用、能力和特性方面各不相同，因此智慧城市的最大挑战之一是使这些多样化的智能设备相互通信。此外，尚未为专门用于不同应用的设备制定通信标准。

（2）智能设备的数量日益增加，对可扩展性提出了挑战。

（3）来自不同智能设备的大量数据被收集在网络云中。此挑战在于定位数据的来源，然后预防未经授权的使用，并确保其可靠性和隐私性。

本章原书参考资料

1. An, J., Li, G., Ning, B., Jiang, W., Sun, Y., Re-sculpturing Semantic Web of Things as a Strategy for Internet of Things' Intrinsic Contradiction, in: *Artificial Intelligence in China. Lecture Notes in Electrical Engineering*, vol. 572, Q. Liang, W. Wang, J. Mu, X. Liu, Z. Na, B. Chen (Eds.), Springer, Singapore, 2020.

2. Lau, B. P. L., Wijerathne, N., Ng, B. K. K., Yuen, C., Sensor Fusion for Public Space Utilization Monitoring in a Smart City. *IEEE Internet Things J.*, 5, 2, 473–481, April 2018.

3. Balaji, S., Nathani, K., Santhakumar, R., IoT Technology, Applications and Challenges: A Contemporary Survey. *Wireless Pers. Commun.*, 108, 363, 2019.

4. Bhattacharyya, R., Das, A., Majumdar, A., Ghosh, P., Sharma, N., Chakrabarti, A., Balas, V. (Eds.), Real-Time Scheduling Approach for IoT-Based Home Automation System, in: *Data Management, Analytics and Innovation. Advances in Intelligent Systems and Computing*, vol. 1016, Springer, Singapore, 2020.

5. Zhang, C., Wu, J., Long, C., Cheng, M., Review of Existing Peer-to-Peer Energy Trading Projects. *Energy Procedia*, 105, 2563–2568, May 2017.

6. Datta, A. and Odendaal, N., Smart cities and the banality of power. *Environ. Plan. D: Society and Space*, 37, 3, 387–392, 2019.

7. de Falco, S., Angelidou, M., Addie, J.-P. D., From the "smart city" to the "smart metropolis", Building resilience in the urban periphery. *Eur. Urban Reg. Stud.*, 26, 2, 205–223, 2019.

8. Rohit, G. and Anandarajah, G., Energy for Sustainable Development, Assessing the evolution of India's power sector to 2050 under different CO_2 emissions rights allocation schemes. *Energy for Sustainable Development*, 50, 2019, 126–138.

9. Mohammad, F. A. and Alam, S., Assessment of power exchange based elec-tricity market in India. *Energy Strateg. Rev.*, 23, 163–177, January 2019.

10. Al-Sakran, H., Alharbi, Y., Serguievskaia, I., Framework Architecture for Securing IoT Using Blockchain, Smart Contract and Software Defined Network Technologies. *2019 2nd International Conference on new Trends in Computing Sciences (ICTCS), Amman, Jordan*, pp. 1–6, 2019.

11. Marín, J., Rocher, J., Parra, L., Sendra, S., Lloret, J., Mauri, P. V., Autonomous WSN for Lawns Monitoring in Smart Cities. *2017 IEEE/ACS 14th International Conference on Computer Systems and Applications (AICCSA)*, Hammamet, pp. 501–508, 2017.

12. Akkaya, K., Guvenc, I., Aygun, R., Pala, N., Kadri, A., IoT-based occupancy monitoring

techniques for energy-efficient smart buildings. *2015 IEEE Wireless Communications and Networking Conference Workshops* (*WCNCW*), New Orleans, LA, pp. 58–63, 2015.

13. Biswas, K. and Muthukkumarasamy, V., Securing Smart Cities Using Blockchain Technology. *2016 IEEE 18th International Conference on High Performance Computing and Communications; IEEE 14th International Conference on Smart City; IEEE 2nd International Conference on Data Science and Systems* (*HPCC/SmartCity/DSS*), Sydney, NSW, pp. 1392–1393, 2016.

14. Gai, K., Wu, Y., Zhu, L., Qiu, M., Shen, M., Privacy-Preserving Energy Trading Using Consortium Blockchain in Smart Grid. *IEEE Trans. Ind. Inf.*, 15, 6, 3548–3558, June 2019.

15. Kaur, J., Sood, Y. R., Shrivastava, R., Emerging Green Energy Potential: An Indian Perspective, in: *Applications of Computing, Automation and Wireless Systems in Electrical Engineering. Lecture Notes in Electrical Engineering*, vol. 553, S. Mishra, Y. Sood, A. Tomar (Eds.), Springer, Singapore, 2019.

16. Lohan, V., Singh, R. P., Kolhe, M., Trivedi, M., Tiwari, S., Singh, V. (Eds.), Home Automation Using Internet of Things. In: Advances in Data and Information Sciences, in: *Lecture Notes in Networks and Systems*, vol. 39, Springer, Singapore, 2019.

17. Akbar, M. A. and Azhar, T. N., Concept of Cost Efficient Smart CCTV Network for Cities in Developing Country. *2018 International Conference on ICT for Smart Society* (*ICISS*), Semarang, pp. 1–4, 2018.

18. Mylrea, M. and Gourisetti, S. N. G., Blockchain for smart grid resilience: Exchanging distributed energy at speed, scale and security. *2017 Resilience Week* (*RWS*), Wilmington, DE, pp. 18–23, 2017.

19. Samaniego, M. and Deters, R., Blockchain as a Service for IoT. *2016 IEEE International Conference on Internet of Things* (*iThings*) *and IEEE Green Computing and Communications* (*GreenCom*) *and IEEE Cyber, Physical and Social Computing* (*CPSCom*) *and IEEE Smart Data* (*SmartData*), Chengdu, pp. 433–436, 2016.

20. Molderink, Bakker, V., Bosman, M. G. C., Hurink, J. L., Smit, G. J. M., Management and Control of Domestic Smart Grid Technology. *IEEE Trans. Smart Grid*, 1, 2, 109–119, Sept. 2010.

21. Muzammal, S. M. and Murugesan, R. K., A Study on Secured Authentication and Authorization in Internet of Things: Potential of Blockchain Technology, in: *Advances in Cyber Security. ACeS 2019. Communications in Computer and Information Science*, vol. 1132, M. Anbar, N. Abdullah, S. Manickam (Eds.), Springer, Singapore, 2020.

22. Nidhi, N., Prasad, D., Nath, V., Different Aspects of Smart Grid: An Overview, in:

Nanoelectronics, Circuits and Communication Systems. Lecture Notes in Electrical Engineering, vol. 511, V. Nath and J. Mandal (Eds.), Springer, Singapore, 2019.

23. Nitnaware, D., Smart Energy Meter: Application of WSN for Electricity Management (February 24, 2019). *Proceedings of International Conference on Sustainable Computing in Science, Technology and Management (SUSCOM)*, February 26–28, 2019, Amity University Rajasthan, Jaipur, India.

24. Noura, M., Atiquzzaman, M., Gaedke, M., Interoperability in Internet of Things: Taxonomies and Open Challenges. *Mobile Netw. Appl.*, 24, 796, 2019.

25. Flauzac, O., González, C., Hachani, A., Nolot, F., SDN Based Architecture for IoT and Improvement of the Security. *2015 IEEE 29th International Conference on Advanced Information Networking and Applications Workshops*, Gwangiu, pp. 688–693, 2015.

26. Novo, O., Blockchain Meets IoT: An Architecture for Scalable Access Management in IoT. *IEEE Internet Things J.*, 5, 2, 1184–1195, April 2018.

27. Prasad, R. and Rohokale, V., Internet of Things (IoT) and Machine to Machine (M2M) Communication, in: *Cyber Security: The Lifeline of Information and Communication Technology. Springer Series in Wireless Technology*, Springer, Cham, 2020.

28. Du, R., Santi, P., Xiao, M., Vasilakos, A. V., Fischione, C., The Sensable City: A Survey on the Deployment and Management for Smart City Monitoring. *IEEE Commun. Surv. Tutorials*, 21, 2, 1533–1560, Second quarter 2019.

29. Das, R. K. and Misra, H., Smart city and E-Governance: Exploring the con-nect in the context of local development in India. *2017 Fourth International Conference on eDemocracy & eGovernment (ICEDEG)*, Quito, pp. 232–233, 2017.

30. Hinrichs-Rahlwes, R., Renewable energy: Paving the way towards sustain-able energy security: Lessons learnt from Germany. *Renewable Energy*, 49, 10–14, January 2013.

31. Hossain, Md A., RoyPota, H., Squartini, S., Abdou, A. F., Modified PSO algorithm for real-time energy management in grid-connected microgrids. *Renewable, Energy*, 136, 2019, 746–757.

32. Spanias, S., Solar energy management as an Internet of Things (IoT) applica-tion. *2017 8th International Conference on Information, Intelligence, Systems & Applications (IISA)*, Larnaca, pp. 1–4, 2017.

33. Sanjay Kumar, S., Khalkho, A., Agarwal, S., Prakash, S., Prasad, D., Nath, V., Mandal, J. (Eds.), Design of Smart Security Systems for Home Automation, in: *Nanoelectronics, Circuits and Communication Systems. Lecture Notes in Electrical Engineering*, vol. 511, Springer, Singapore, 2019.

34. Caraguay, Á. L. V., Peral, A. B., López, L. I. B., SDN: Evolution and Opportunities in the Development IoT Applications, First Published May 4, 2014. Review Article, *International Journal of Distributed Sensor Networks*, Volume: 10 issue: 5, 1–10.

35. Garg, S., Yadav, A., Jamloki, S., Sadana, A., Tharani, K., IoT based home automation. 261–271, Published online: 06 Feb 2020. Journal of Information and Optimization Sciences, Volume 41, 2020-Issue 1: Recent trends in Optimization, Signal Processing and Automation.

36. Sambhi, S., Thermal Imaging Technology for Predictive Maintenance of Electrical Installation in Manufacturing Plant—A Literature Review. *2nd IEEE International Conference on Power Electronics, Intelligent Control and Energy Systems* (*ICPEICES-2018*), IEEE.

37. Ahram, T., Sargolzaei, A., Sargolzaei, S., Daniels, J., Amaba, B., Blockchain technology innovations. *2017 IEEE Technology & Engineering Management Conference* (*TEMSCON*), *Santa Clara, CA*, pp. 137–141, 2017.

38. Del Carpio-Huayllas, T. E., Ramos, D. S., Vasquez-Arnez, R. L., Feed-in and net metering tariffs: An assessment for their application on microgrid sys-tems. *2012 Sixth IEEE/PES Transmission and Distribution: Latin America Conference and Exposition* (*T&D-LA*), *Montevideo*, pp. 1–6, 2012.

39. Ku, T., Park, W., Choi, H., IoT energy management platform for microg-rid. *2017 IEEE 7th International Conference on Power and Energy Systems* (*ICPES*), *Toronto, ON*, pp. 106–110, 2017.

40. Tang, Q., Xie, M., Yang, K. *et al.*, A Decision Function Based Smart Charging and Discharging Strategy for Electric Vehicle in Smart Grid. *Mobile Netw. Appl.*, 24, 1722, 2019.

41. Tanwar, S., Tyagi, S., Kumar, S., The Role of Internet of Things and Smart Grid for the Development of a Smart City, in: *Intelligent Communication and Computational Technologies. Lecture Notes in Networks and Systems*, vol. 19, Y. C. Hu, S. Tiwari, K. Mishra, M. Trivedi (Eds.), Springer, Singapore, 2018.

42. Caragliu, A. and Del Bo, C. F., Smart innovative cities: The impact of Smart City policies on urban innovation. *Technol. Forecasting Social Change*. Volume 142, 2019, Pages 373-383.

43. Telang, A. S., Bedekar, P. P., Wakde, S. D., Towards Smart Energy Technology by Integrating Smart Communication Techniques, in: *Techno-Societal 2018*, P. Pawar, B. Ronge, R. Balasubramaniam, A. Vibhute, S. Apte (Eds.), Springer, Cham, 2020.

44. Hamidi, V., Smith, K. S., Wilson, R. C., Smart Grid technology review within the Transmission and Distribution sector. *2010 IEEE PES Innovative Smart Grid Technologies Conference Europe* (*ISGT Europe*), *Gothenberg*, pp. 1–8, 2010.

45. Viriyasitavat, W., Da Xu, L., Bi, Z. *et al.*, Blockchain-based business process management (BPM) framework for service composition in industry 4.0. *J. Intell. Manuf.*, 2018.

46. Su, Z., Wang, Y., Xu, Q., Fei, M., Tian, Y., Zhang, N., A Secure Charging Scheme for Electric Vehicles With Smart Communities in Energy Blockchain. *IEEE Internet Things J.*, 6, 3, 4601–4613, June 2019.

47. Zikria, Y. B., Kim, S. W., Hahm, O., Afzal, M. K., Aalsalem, M. Y., Internet of Things (IoT) Operating Systems Management: Opportunities, Challenges, and Solution. *Sensors*, 19, 1793, 2019.

第8章
智能空间的新框架

迪帕利·卡姆萨尼亚*

摘要：随着智能传感器和情境感知设备的广泛可用，智能空间（ispace）可广泛应用于不同的领域。为了将空间转变为智能空间，实现通信和信息交换需要传感器及建模工具，以理解用户意图和叙述协调。本章提出了一个智能空间实施框架，并考虑了各种设计和实施问题。本章还讨论了智能空间的基本问题，这些问题需要由普适计算环境来研究和处理。

关键词：智能空间、射频识别、普适计算、鲁棒性、情境感知

8.1 引言

智能空间旨在设计一个特殊的系统，该系统具备智慧，能够理解、监控、控制[1]并与用户及环境进行通信。人类通过口音、触觉、手势、气味和动作等方式与环境交流，此外还有面部识别、语音、指纹、物理特征等独特特性。闭路电视（CCTV）、传感器、麦克风、执行器及许多其他小工具都有助于实现这种交互。普适计算在幕后工作，使传感器和执行器协作，以实现普适计算的目标，即为个人提供无干扰的、不间断的优质生活。环境中的各种对象通过无线连接，不断收集和处理数据以适应不同情况[2]。许多小工具通过物联网传感器技术和射频识别（RFID）技术帮助实现普适环境[3]。基于有线接口的系统提供虚拟现实体验，而基于无线接口的系统则用于实现自然交互。随着用户从一个地方移动到另一个地方，设备与计算环境的交互依赖

* 印度德里维韦卡南达专业研究学院信息技术学院，邮箱：deepali102@gmail.com。

特定的区域，并且取决于当地用户的偏好和喜好。在这种情况下，开发一个专门的框架变得非常必要，该框架允许不同的设备和用户无须付出额外的努力或引起用户计算机额外的计算负担，即可进行通信。过去几年中，为了在图像序列中追踪人员，人们已经应用了基于模型的技术[4-8]。本章提出了一个未来智能零售商店的解决方案（该商店配备了各种小工具和设备），并提出了一个智能空间框架。本章还讨论了零售商店的基本问题，这些问题需要由普适计算环境来处理和解决。

8.2　智能空间

智能空间的设计应作为一个全时不间断的服务，即使用户未提出明确的需求，其也应该能够工作。系统应能适应设备发生故障的情况[9-10]，并能够进行智能选择，同时不断监控环境状态。智能空间中的交互是动态的，基于抽象服务而非资源，具有将服务映射到广泛的解决方案范围内，并根据最小化成本和资源选择最佳解决方案的能力。为了将一个空间转变为智能空间，用于通信和信息交换，需要传感器和建模工具来理解用户的意图和叙述协调。以人为中心的叙述空间使用感知模式来识别和理解实时的周围数据，以识别空间中的人及其行动。

8.2.1　感知

在实时场景中，无阻碍的虚拟现实接口需要不间断地跟踪人的特征，如手的位置、特征等，此类特征采用计算机视觉技术[11-12]进行识别。数学算法被用于解释手势（这些手势用于管理各种家用电器[13]），其使用了地图估计器和卡尔曼滤波器来跟踪实时人体运动，将 2D 人体视为一组颜色区域。为了获得指向和准确的深度信息，最大似然方法在定位 3D 空间中的身体特征方面非常有效。隐马尔可夫模型（HMM）和贝叶斯网络用于分类人体运动与手势[14]。基于 HMM 的方法使用 Adaboost 算法与凝聚和分割采样进行动态手势轨迹建模及识别[15]。

8.2.2　多模态感知

理解用户意图是成功部署智能空间的关键。鲁棒感知是准确理解用户目的和情境的基础。为了理解用户的目标，必须完全跟踪和收集个人运动数据，并基于数据分析采取适当的行动。用户可以通过传感器进行跟踪。单个传感器如相机、雷达或电场传感器提供单一视图，在理解用户意图方面可能不太有用，因此在大多数情况下，多传感器更受青睐，用于应对实时情况。从多传感器收集的数据会产生冗余，需要解决这一问题，以便实现准确感知[16]。

8.2.3　基于情境的数据解释

为了准确测量用户位置，必须根据用户动作和情境来解释维度。相同的动作或手势可能具有不同的含义，因此系统应能基于用户动作理解其目的，并足够智能以基于先前数据区分行动。模型应足够灵活，具有适应性，并通过学习用户的交互配置文件不断完善[17-18]。

8.2.4　叙述引擎

在交互环境中，直接映射传感器输入与数字输出并不十分有效，因为其涉及用户输入和系统响应之间的一系列耦合。为了创建叙述空间，必须模拟公共与数字媒体之间的交互，作为其中的角色，需要考虑用户的意图和交互的情境[17]，编写一段基于用户行为，并与系统对此类行动的期望及系统目标相匹配的叙述。

8.3　产品识别

当前有多种技术可用于产品识别，其中条形码和 RFID 技术广受欢迎。RFID 技术不仅可以用于库存管理、计费，还能有效识别产品。市场上存在多种电信技术，能够进行无线通信和追踪对象。例如，扩频无线电可在短距离内传输店内位置数据，适用于客户的位置识别和追踪。如果能够精确测量客户在零售店内的位置并追踪其行动轨迹，智能购物工具就能够协助客户选择合适的产品，同时引导他们前往正确的货架和通道。RFID技术在自动化数据捕获和序列化识别方面表现出极高的效率，并逐渐成为一种普遍应用的技术。早期实验已经证明，RFID技术能够显著提升消费者体验和零售运营效率。在 RFID 系统中，携带有关商品或实体识别、位置等信息的数据通过转发器传输，并由可机读标签阅读器接收，这为实现"任何时间、任何地点"的人类与物品的连接和可追踪性创造了可能。某些频率范围的具体应用如下：低于 135 kHz 的频率用于动物标记和追踪；1.95MHz、3.25MHz、4.75MHz 和 8.2MHz 等频率在零售商店中用于电子商品监视（EAS）系统；27MHz 及以上频率用于工业、科学和医疗（ISM）应用；902～916MHz 的频段适用于铁路车辆和收费公路应用；5.85～5.925GHz的频段用于智能交通服务。标签和阅读器之间的数据传输速率直接受载波频率影响，并与频谱中的带宽相关。为了获得更好的性能，信道带宽应该是比特率的两倍。噪声带宽在其中扮演重要角色。标签或转发器和阅读器或询问器是 RFID 系统的主要组成部分，电源的可用性决定了无线通信的范围，并考虑更高频率下的信噪比。标签设计用于连接外部具有戳记、位置和数据的线圈，以便进行通信。转发器存储器（RAM、ROM 或非易失性可编程存储器）取决于数据存储设备的类型。EROM 用于在转发器中存储数据，即使在睡眠状态下也能存储数据。转发器内含操作系统指令处理逻辑，用于处理延迟、数据流等，以执行设备的基本功能，RAM 则支持过程中的中间存储[18]。

8.4 位置测量

未来的数字环境需要足够智能化，以理解人类需求并提供快速响应。这要求使用全球定位系统（GPS）[19]对个人和物品进行精确定位。普适计算精确的室内位置信息，使电子设备能够做出响应[20]，其中涉及射频（RF）传输。为了理解发射器和接收器之间的时间与距离关系，可以考虑使用不同范围的发射器进行二维位置三角测量以获取坐标[21-23]。

图 8.1 展示了接收器作为接近探测器的应用。基站信号 $s(t)$ 在带宽 BS 内到达接收器 rec(t)，具有传播时间 T_0、载波频率 ω_c 和噪声分量 noise(t)，存在相位偏移 θ。

$$\text{rec}(t)= \text{rec}_1(t)+ \text{noise}(t)= s(t-T_0)e^{jct+\theta}+\text{noise}(t) \tag{8.1}$$

式中，$T_0 = R/c$（发射器与接收器之间的距离 / 自由空间中的信号传播速度）。

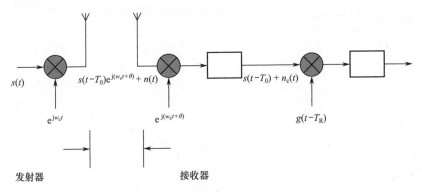

图 8.1　发射器和接收器

传输信号与 ω_c 混合以产生 $\text{R}\{s(t)e^{jw_ct}\}$。接收到的信号基带通过与本地振荡器信号 $e^{jw_ct+\theta}$ 混合降低，但噪声分量如式（8.2）所示仍然存在，因此在接收端应用门控函数 $g(t-T_R)$（T_R 是估计的到达时间）来检查式（8.3）中给定的范围。

$$n_c(t)= \text{noise}(t)\cos(w_ct +\theta) \tag{8.2}$$

$$R_R = cT_R \tag{8.3}$$

如果信号超出范围，则会产生错误。

Mallinckrodt 和 Sollenberger 提出了最佳门控函数 T_R-T_0，用于最小化时间测量误差。Mallinckrodt 将门控函数用于定义 $s(t)$，并将微分函数作为匹配滤波器的一部分。最佳接收器在时间 T_R 具有匹配滤波器的门控，其中包含微分器。式（8.4）显示了最佳配置下的最小时间测量误差。

$$\partial T_R = \frac{1}{\beta\sqrt{(2E/N_0)}}, \quad \beta^2 =\frac{1}{E}\int_{-\infty}^{\infty} (2\pi f)^2 / R_1^2(f)\,\mathrm{d}f \tag{8.4}$$

式中，β^2 为信号的均方带宽或 Gabor 带宽；E 为接收信号 $r_1(t)$ 中的能量，具有信号带宽 β，$E = \int_{-\infty}^{\infty} |R_1(f)|^2 \, \mathrm{d}f$。

上述因素取决于信号频谱的形状及接收器带宽。

均方根范围误差：

$$\partial R_R = c \partial T_R \tag{8.5}$$

最佳接收器的范围误差由接收的能量、噪声水平和传输信号 $s(t)$ 的有效带宽 β 决定。

Helstrom 观察到，如果考虑匹配滤波器的不同观测结果，并且在微分之前结合具有独立噪声贡献的 $n_0(T_R)$，则会导致范围显著增加。

考虑独立测量，时间测量方差的下降可以表示为

$$\partial T_R^2 = \frac{1}{\beta^2 \sum_{k=1}^{P} (2E/N_0)_k} = \frac{1}{\beta^2 (2E_T/N_0)} \tag{8.6}$$

式中，$(E/N_0)_k$ 是第 k 次测量的能量与噪声密度的比值；E_T 是所有 k 个测量周期内接收的总能量。

物品的位置可通过坐标或距离进行定义。对于日常应用，不需要确切的坐标，在室内环境中的相对位置对于情境感知智能系统更为重要。在室内环境中，伪距测量是由于周围环境的反射及接收器和发射器的信号。多径效应引入了误差，因为距离由视线路径和反射分量决定。对于智能环境，理想的接收器能够平均无线电能量，并消除快速衰落的影响，以从多径分量中识别视线分量[24]。

理想直接序列扩频接收器的均方根（RMS）范围误差如下：

$$\delta R_R = \sqrt{\frac{B}{f_c}} \frac{c}{2B\sqrt{E_T/N_0}} \tag{8.7}$$

式中，c 为自由空间中的信号传播速度；E_T 为来自多次测量的总接收信号能量；N_0 为热噪声；B 为脉冲整形滤波器的带宽；f_c 为码片速率[25]。

文献 [26] 中理想接收器的性能是基于式（8.7）的理论 RMS 范围误差开始计算的，可以测量给定范围的精度，以及测量指定精度的最大范围。

即插即用定位技术块将原始坐标转换为实时应用程序中的逻辑描述符。信号测量在物理层进行，信息传递由应用层处理。

8.5　提议框架

图 8.2 展示了智能空间的多层框架。观察结果的收集是在阅读器层和外部 IP 网络上完成的。网络边缘的事件管理器负责观察处理和事件转换。中介层位于网络核心和网络边缘之间。网络服务和事件消费者应用程序将识别符解析为实体描述，并随后查询相关的情境数据。应用层为用户提供了接口。应用逻辑位于网络核心（数据中心）级别。在服务管理和任务分配层，服务管理调度程序向应用程序或系统传达语义信息，以便根据干扰算法从数据池中提取相关信息，做出智能决策。

中间件层负责服务调度。感知和执行层通过无线网络连接传感器与执行器。在智能空间状态估计中，基于传感器收集的信息和事件感知，执行器执行控制算法。对于事件发现、管理和报告而言，由 RFID 堆栈中的事件管理器提供应用程序编程接口。事件需要在特定时间间隔内进行处理[27]。事件管理器提供 RFID 特定的情境转换，这对于普适计算系统是必需的条件[28]。

智能设备通过嵌入式传感器与物理世界互动，此类传感器连接到无线自组织和自配置的稳定网络，该网络还需要良好的处理和存储能力，也需要高分辨率智能摄像头来收集图像和视频数据以进行分析，还需要 GPS 来获取位置坐标。智能零售空间（IRS）的特点是多模态感知观察，因为用户在不断改变状态以在商店中搜索所需商品，这需要使用概率和统计技术映射感知信息。IRS 需要项目之间的计算、通信和交互。项目和用户之间需要坐标信息，周围环境中每个产品/代理/项目（货架）的及时信息至关重要，以便客户能够根据及时信息迅速做出反应。掌上电脑（PDA）具有与传感器和 CPU 通信的能力。情境分析通过机器学习实现，以提高 IRS 系统的效率[29]。贝叶斯推理方法已应用于信号信息的分布调节。动态贝叶斯网络已被用于对信号信息进行计算分布调节，并处理缺失和噪声测量问题[29]。时间同步对于计算控制与处理之间的感知和执行环境来说是必需的条件。感知和执行中的通信延迟、数据丢失可能导致不满意或不可预测的行为。

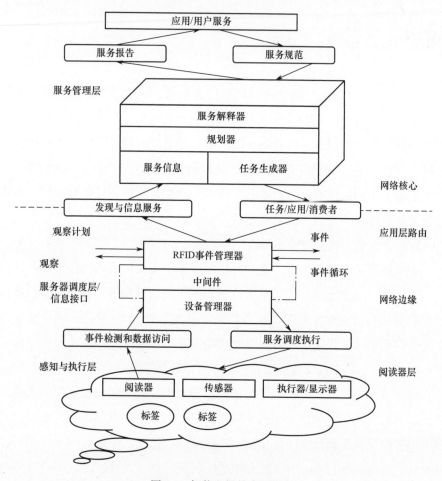

图 8.2　智能空间的多层框架

在自动目标识别系统中，需要阅读器和标签之间的无线电通信。RFID标签可以是主动的、被动的或半被动的。独特的 ID 序列号（电子产品代码）由 RFID 标签通过无线电频率广播给附近的 RFID 阅读器。RFID 系统可以在不同的频率下运行[30]。

为进行自动目标识别，使用超高频（UHF）在给定时间内识别标签，以最大限度减少冲突[31-32]。远场载波利用反向散射方法工作，标签反射由阅读器发出的一部分电磁波，通过检查反射回阅读器的波分量反射截面，并与原电磁波进行对比，从而传输信息。数据通过开关负载进行编码。RFID 标签与传感器集成。RFID 阅读器与传感器通信，从标签读取 ID，传输信息到主机以进行库存跟踪和管理。支持在指定的局部区域内监控标记对象，进行位置管理和物流操作。为防止滥用，数据经过加密，标签和阅读器之间的距离在传输期间受到限制与屏蔽[33-34]。由于系统更密集及金属干扰或标签之间的冲突，再加上外部无线电频率的干扰，可能会发生传输错误，导致 RFID 读取错误。通过使用反冲突和单签技术变体，可以有序地访问特定标签，从而解决冲突问题[35]。RFID 支持普遍环境中标记实体的自动识别。其立即并准确地增加了数据收集和存储能力，最大限度减少了人力。项目级标记能够改善库存管理，支持自助支付和智能货架。IRS 将利用标记项目，因为它们可以有效地定位和跟踪产品，准确记录收到和组装的产品，从而加快了流程并节省了时间[36]。

8.6　结论

本章提出了一个智能空间框架，并讨论了构成智能空间的不同组件及它们背后所需的各种软件模块，同时探讨了 RFID 技术在库存管理或其他领域的应用。

本章原书参考资料

1. Mallinckrodt, A. J. and Sollenberger, T. E., Optimum Pulse-Time Determination. *IRE Trans.*, PGIT-3, 151–159, 954.

2. Azarbayejani, A. and Pentland, A., Real-time self-calibrating stereo person tracking using 3-D shape estimation from blob features. *Proceedings of 13th International Conference on Pattern Recognition*, 1996.

3. Liu, B., Wang, F. -Y., Geng, J., Yao, Q., Gao, H., Zhang, B., Intelligent spaces: An overview. *2007 IEEE International Conference on Vehicular Electronics and Safety*, 2007.

4. Bregler, C. and Malik, J., Tracking People with Twists and Exponential Maps. *Proceedings of the IEEE Computer Society Conference on Computer Vision and Pattern Recognition* (*CVPR'98*), IEEE Computer Society, Washington, DC, USA, p. 8, 1998.

5. Floerkemeier, C. and Lampe, M., RFID middleware design—Addressing application requirements and RFID constraints, in: *Proc. SOC-EUSAI, in: ACM International Conference Proceeding Series*, vol. 121, pp. 219–224, 2005.

6. Marinagi, C., Belsis, P., Skourlas, C., New Directions for Pervasive Computing in Logistics. *Procedia-Soc. Behav. Sci.*, 73, 495–502, 2013.

7. Helstrom, C. W., *Statistical Theory of Signal Detection*, Pergamon Press Oxford, England, 1960.

8. Gavrila, D. M. and Davis, L. S., 3-D model-based tracking of humans in action: a multi-view approach, in: *Proceedings of the 1996 Conference on Computer Vision and Pattern Recognition* (*CVPR'96*), IEEE Computer Society, Washington, DC, USA, p. 73, 1996.

9. Darrell, T., Moghaddam, B., Pentland, A. P., Active face tracking and pose estimation in an interactive room, in: *Proceeding of CVPR'96 Proceedings of the 1996 Conference on Computer Vision and Pattern Recognition* (*CVPR'96*), p. 67, 1996.

10. Katsiri, E., Bacon, J., Mycroft, A., Linking sensor data to context-aware applications using abstract events. *J. Pervasive. Comput. Syst.*, 3, 4, 347–377, 2007.

11. Kaplan, *Understanding GPS principles and applications*, Artech House, Boston & London, 1996.

12. Roussos, G. and Kostakos, V., RFID in pervasive computing: State of the art and outlook. *Pervasive Mob. Comput.*, 5, 110–131, 2009.

13. Goldman, R. P., Musliner, D. J., Krebsbach, K. D., Managing Online Self-adaptation in Real-Time Environments. *Lect. Notes Comput. Sci.*, 2614, 6–23, 2003.

14. Hall, D. L. and Llinas, J., An introduction to multisensor data fusion. *Proc. IEEE*, 85, 1, 6–23, 1997.

15. Item-level RFID Tagging and the Intelligent Apparel Supply Chain. RFID journal, 2011, Piscataway, New Jersey.

16. Finkenzeller, K., *RFID Handbook: Fundamentals and Applications in Contactless Smart Cards and Identification*, John Wiley & Sons, London, 2003.

17. Römer, K., Schoch, T., Mattern, Dübendorfer, T., Smart identification frame- works for ubiquitous computing applications. *Wirel. Netw.*, 10, 6, 689–700, 2004.

18. Kakadiaris, I. A. and Metaxas, D., Three-Dimensional Human Body Model Acquisition from Multiple Views. *Int. J. Comput. Vision*, 30, 3, 191–218, 1998.

19. Laddaga, R., Robertson, P., Shrobe, H., Introduction to Self-adaptive Software: Applications. *Lect. Notes Comput. Sci.*, 2614, 1–5, 2003.

20. Yamamoto, M. and Yagishita, K., Scene constraints-aided tracking of human body, in: *Proceedings of Computer Vision and Pattern Recognition (CVPR'00)*, pp. 151–256, 2000.

21. Skolnik, M. I., *Introduction to Radar Systems*, Second Edition, McGraw-Hill, New York, 1981.

22. Marinagi, C., Belsis, P., Skourlas, C., New Directions for Pervasive Computing in Logistics. *Procedia—Soc. Behav. Sci.*, 73, 495–502, 2013.

23. Subhash Chandra, N., Venu, T., Srikanth, P., A Real Time Static & Dynamic Hand Gesture Recognition System. *Int. J. Eng. Inventions*, 4, 12, 93–98, 2015.

24. Porcino, D., & Wilcox, M., Empowering 'ambient intelligence' with a direct sequence spread spectrum CDMA positioning system, Location Modeling for Ubiquious Computing, Workshop Proceedings Ubicomp, p11, 2001.

25. Oh, S. and Sastry, S., Distributed Networked Control System with Lossy Links: State Estimation and Stabilizing Communication Control. *Proceedings of the 45th IEEE Conference on Decision and Control*, 2006.

26. Remagnino, P. and Foresti, G. L., Ambient Intelligence: A New Multi- disciplinary Paradigm. *IEEE Trans. Syst. Man Cybern. -Part A*, 35, 1, 1–6, 2005.

27. Pavlovic, V. I., *Dynamic Bayesian Networks for Information Fusion with Applications to Human–Computer Interfaces*. PhD Thesis, University of Illinois, Urbana-Champain, 1999.

28. Peeters, R., Singelee, G., Preneel, B., Towards More Secure and Reliable Access Control. *IEEE Pervasive Comput.*, 11, 3, 76–83, 2012.

29. Caneel, R. and Chen, P., *Enterprise Architecture for RFID and Sensor Based Services*, Oracle Corporation, Redwood Shores, Calif., 2006.

30. Sparacino, F., Davenport, G., Pentland, A., Media Actors: Characters in Search of an Author. *IEEE Multimedia Systems'99, International Conference on Multimedia Computing and Systems (IEEE ICMCS'99)*, 7–11 June 1999, Centro Affari, Firenze, Italy.

31. Sparacino, F., Oliver, N., Pentland, A., Responsive Portraits, in: *Proceedings of the Eighth International Symposium on Electronic Art (ISEA 97)*, Chicago, IL, USA, September 22–27, 1997.

32. Starner, T. and Pentland, A., Visual Recognition of American Sign Language Using Hidden Markov Models. *International Workshop on Automatic Face and Gesture Recognition (IWAFGR)*, Zurich, Switzerland, 1995.

33. Thing Magic, *Getting a Read on Embedded UHF RFID: Why RFID Modules are the Smart*

Choice for Developing Next Generation Solutions, Cambridge, 2012.

34. Wang, X., Xia, M., Cai, H., Gao, Y., Cattani, C., Hidden-Markov-Models-Based Dynamic Hand Gesture Recognition. *Math. Prob. Eng.*, special issue, 1–11, 2012.

35. Want, R., An introduction to RFID technology. *IEEE Pervasive Comput.*, 5, 1, 25–33, 2006.

36. Wren, C. R., Azarbayejani, A., Darrell, T., Pentland, A. P., Pfinder: Real-time tracking of the human body. *IEEE Trans. Pattern Anal. Mach. Intell.*, 19, 7, 780–785, 1997.

第 9 章
物联网中的防御与隔离

拉维·库马尔·夏尔马 [*]、泰金德尔·帕尔·辛格·布拉尔、
帕鲁尔·甘地

摘要：物联网是一个基于特定协议的网络，其利用信息感知设备将各种物品连接到互联网上，进行信息交换和通信，实现智能识别、定位、追踪、监控和管理。这个平台让日常设备变得更加智能，数据处理更加高效，通信更加富有信息价值。尽管物联网还在探索其自身的发展形态，但其作为连接各种场景的通用解决方案，已经取得了显著的进展。针对特定架构的研究，总有助于推动相关领域的发展。无论是直接还是间接，相关研究提出的架构都旨在通过构建和部署先进的物联网理念来解决实际问题。同时，研究所遇到的挑战揭示了当前架构中的不足，激发了学术界和工业界的参与意愿，共同寻找解决方案，充分发挥物联网的潜力。本章的主要贡献在于系统性地梳理了物联网架构在不同领域的最新发展状况。

关键词：物联网协议、网络层、传输层、物联网网关、路由攻击、物联网 OAS、密码学、公钥

9.1 引言

物联网引领了一种全新的数据处理世界观。其代表了将处理能力融入我们日常生活环境的趋势。物联网设备不仅需要连接互联网，还应能够基于配置设置相互交流。换言之，物联网的核心不单是将智能设备接入网络，更重要的是实现它们之间的互动。这种互动将深刻影响我们的日常生

---

* 印度旁遮普兰德拉昌迪加尔学院集团，邮箱：ravirasotra@yahoo.com。

活，并改变我们的生活方式、学习模式和工作习惯。因此，其为开发者在安全与隐私保护方面提供了巨大的探索空间。我们必须意识到，保护物联网系统不仅要防范来自公共互联网的攻击，还要确保同一网络内友好设备不受恶意节点的侵害。目前，我们已经建立了相当安全和可靠的在线金融交易、电子商务，以及其他基于互联网的行政管理服务。此类服务的核心在于应用了需要大量计算资源的高级加密技术。然而，智能设备在计算能力和内存方面受限，且可能依赖电池供电，这就提出了采用节能技术的需求。构建互联智能设备所面临的显著挑战包括确保安全、保护隐私和建立信任。互联网协议（IP）的使用被视为实现智能设备互操作性的标准。随着数十亿智能设备即将涌现，IPv4 地址资源逐渐耗尽，IPv6 协议被认为是智能设备通信的有力候选者。要解决物联网的安全和隐私问题，我们面临巨大的挑战，这主要是因为在物联网框架中设置安全和隐私保护的需求多样化。物联网的构建引发了许多安全问题，此类问题主要源自以下几个方面。

（1）智能设备的本质特性，如在处理能力和内存需求方面采用轻量级加密算法。

（2）标准协议的使用，如需要最大限度减少节点间交换的数据量。

（3）信息的双向流动，如需要构建一个端到端的安全架构。

9.1.1　物联网参考模型

目前，尚无用于描述和规范物联网框架的不同组成部分的统一理论模型。思科系统公司提出了一个包含七个层次的物联网参考模型[1]，该模型允许每个层次处理从简单到复杂的各种任务，具体取决于应用场景。该模型还阐释了如何高效处理每个层次的任务，以维持简洁性，实现高度灵活性，并确保可持续性。最终，该模型定义了构建完整的物联网框架所需的功能。这七个层次及其特点列于表 9.1。其核心思想是展示深思熟虑的设计和适当的实用接口，以提供全面的物联网解决方案。端到端物联网工程的可靠性是处理大量特定环境数据点，提取有价值的信息，管理大规模自然特性，并最终设计智能响应的关键。

表 9.1 物联网参考模型

层 次	特 点
物理设备和控制器	端点设备、指数级增长、多样化
连接性	可靠、及时传输、交换和路由
边缘计算	将数据转化为信息、可操作的数据
数据积累	数据存储，持久性数据和瞬时数据
数据抽象化	数据的语义、应用的数据完整性、数据标准化
应用	数据的有意义的解释和操作
协作和流程	人员、流程、授权和协作

重要的结构要素是物联网应利用现有的互联网通信框架和协议。第三层通常被称为边缘计算或雾计算。其基本能力是将信息转化为数据，并执行受限信息层级的调查。在这一层次上，我们进行明确的数据准备，以便获得有意义的信息。雾计算的一个重要特点是其持续的处理和计算能力。具体而言，第 1~3 层关注数据的传输，而更高层则关注从数据对象中获取的信息。这引导我们进入一个非凡的价值领域，激励人们和相关流程在物联网的底层采取有意义的行动。其核心目标是实现所有手动过程的自动化，提高人们的效率。

在参考模型的每个层级上，实体的数量、异质性、互操作性、复杂性、灵活性和分布性都在不断增加，这代表了扩大的攻击面，可以通过更多的通道、策略、执行器和数据对象来量化。此外，这种扩展将显著增加安全合作伙伴的范围，并引入新的、物联网特有的合理性挑战。

9.1.2 物联网安全威胁

物联网存在三类主要的安全威胁：捕获、干扰和操纵。捕获威胁与获取系统或数据有关。干扰威胁与拒绝服务、破坏和扰乱系统有关。操纵威胁与控制信息、特性、时间安排数据等有关。物联网中形式最简单的被动威胁是监听或监视传输，目的是获取正在传输的数据，这被称为捕获攻击。捕获攻击旨在控制物理/虚拟系统或访问此类系统中的数据/数据对象。物联网产品与系统的普及和物理分布为攻击者提供了独特的机会，使其可以操纵此类系统。智能设备、传感器和系统的分布导致了自我推广、参考点和工作交互，为攻击者提供了更多的机会，使其可以阻断或干预环境中的数据传输。此外，数据传输的频率、数据模型和配置将协助攻击者进行密码分析。

一些著名的动态威胁包括：伪装攻击，其中一个实体声称是另一个实体，这包括伪装其他物品、传感器和客户；中间人攻击，攻击者秘密地转发并可能修改两个实体之间的通信，这两个实体认为它们正在直接相互通信；重放攻击，攻击者发送一些旧的（真实的）消息给接收者，在广播或有向连接的情况下，访问过去传输的数据轻而易举；DoS 攻击，一个实体无法执行其合法功能或阻止其他实体执行其功能。

在物联网领域，动态威胁如伪装攻击、重放攻击和 DoS 攻击通常是相对容易实施的。例如，执行来自不受信任来源的克隆参考点。参考点是不断传输简单无线电信号的小型无线设备，信号说，"我在这里，这是我的 ID。"在许多情况下，信号是由使用蓝牙低功耗（BLE）技术的附近的手机接收的。当手机识别出参考信号时，其读取参考点的 ID，计算到参考点的距离，并根据此类数据，在信号良好的移动应用程序中触发一个动作。文献 [2] 认为，除了标准的威胁向量，如中间人攻击和 DoS 攻击，物联网威胁还涉及由不受信任的制造商克隆智能物品，由外部人员伪造/替换物联网设备，恶意固件替换，以及通过秘密监听或提取凭证/安全属性来攻击通常不设防的设备。安全和隐私需求由物联网领域的攻击意图控制。

9.1.3　物联网安全需求

应立即执行的物联网基本安全属性如下：保密性，传输的信息可以由通信端点清晰地读取；可用性，通信端点通常能够被访问，不能被隔离；完整性，接收的信息在传输过程中未遭到修改，保证其在整个生命周期中的准确性和完整性；真实性，信息发送者通常可以接受验证，无法欺骗信息接收者；授权，信息只能由获得授权的人访问，并且应该对其他人不可用。验证物联网的必备条件是复杂的，包括移动和云模型的策略组合，结合机械控制、自动化和物理安全。已经用于保护互联网的技术和服务与物联网普遍相关，通常需要在物联网参考模型的每个级别上进行适当的调整。除了标准安全需求，根据讨论的威胁，可以确定以下安全需求。

1. 规模

一个至关重要的需求是物联网领域的规模发展。随着用户采用越来越智能和互联的产品与设备，人们部署了更多的传感器，以及更多的物品嵌入智能和数据元素，预计客户端的数量将呈指数级增长。每个元素，根据其特性和倾向，都带来了一套相关的协议、通信渠道、策略、数据模型和数据对象，此类元素都可能面临潜在的安全风险。这种规模的扩大直接增加了攻击面。正如之前所指出的，物联网模型中每个层次的规模和复杂性决定了所需的处理能力与存储容量，从而影响了成本和资源预算。成本与资源之间的平衡决定了在系统安全、加密算法、密钥大小和安全策略方面可用资源的多寡。

2. 基于 IP 协议的物联网

在物联网中采用 IP 技术带来了诸多关键优势，如一致且统一的协议集合和成熟的安全架构。通过扩展已验证的基于 IP 的基础设施，其简化了创新服务的开发和交付过程。然而，这也引发了所谓的"攻击面扩展"问题。这意味着，当我们通过引入能够传输环境敏感信息的新设备，将数据存储在移动云中，或将计算能力推向边缘设备，从而连接之前隔离的环境时，不可避免地会产生新的安全风险入口点。随着智能产品与 IP 技术的融合，由于协议转换不一致、安全体系冲突等问题，安全漏洞的风险也随之增大。企业安全模式一直由以下两大原则主导。

- 首先，安全重点一直放在最佳应用和工具上，包括防火墙、网络安全、数据安全、内容安全等解决方案。
- 其次，安全是基于边界的，企业通过验证终端和服务器，并响应已知的中断或威胁，如病毒或 DoS 攻击，建立安全的边界。但在物联网领域，基于边界的安全工具的相关性大大降低。攻击面变得更加广泛，通常是无边界的，并且涉及异构系统。

3. 异构物联网

物联网还有一个重要结构考量是，如何使连接的设备协同工作，创造并提供创新的解决方案和服务。物联网可能是一把"双刃剑"。虽然其为解决基础开发问题提供了潜在的解决方案，但如果与关键组织流程整合不当，也可能大幅增加运营复杂性。安全策略也应与组织流程相匹配。复杂的运营技术使在物联网中构建强大的安全架构变得困难。普遍认为，IP 很快将成为物联网的基础标准协议。这并不意味着所有设备都能够运行 IP。相反，总会有小型设备，如小型传感器或 RFID 标签，被设计在封闭系统中，实现基本和特定应用的通信协议，并通过适当的网关与外部系统连接。简而言之，系统的异构性使实施某些基于 IP 的安全系统更加困难，如对称密码系统。

4. 轻量级安全

物联网的巨大价值只有在各种智能对象相互连接并与后端或云服务交互时才能实现。IPv6 和网络服务成为物联网系统及应用的基础架构构件。在受限的网络环境中，智能对象可能需要额外的协议和一些协议调整，以改善互联网通信并降低内存、计算和电源需求。在物联网中使用 IP 技术带来了多种基本优势，如一致且同质的协议套件和成熟的安全架构。其还通过扩展经过验证的基于 IP 的基础设施，简化了创新服务的开发和交付。然而，这也带来了在当前状态下采用某些协议的新挑战。物联网为数十亿设备提供了人与物的互联互通，这既是提高效率和更好服务的巨大机会，也是黑客破坏安全和窃取隐私的巨大机会。

值得注意的是，现代互联网安全的一个关键要素是使用需要大量处理能力的先进加密算法。许多物联网设备依赖低端处理器或微控制器，此类处理器的处理能力很低，内存很小，并且不以安全为主要设计目标。通过加密实现的保护、身份验证，以及使用数字签名声明进行信息验证，是当今互联网的关键安全工具。此类工具依赖高级加密标准（AES）、安全哈希算法（SHA2）及公开密钥算法 RSA 和椭圆曲线密码学（ECC）等加密算法。传输层安全（TLS）协议及其前身安全套接层（SSL）协议，使用此类算法提供数据认证和加密服务。公钥基础设施（PKI）通过数字证书标准和证书颁发机构（CA）为认证与信任提供架构基础。

尽管此类工具在 IP 系统中得到了广泛应用，但当前物联网实现在实施上述安全系统方面存在缺陷。例如，许多商业和开源 TLS 实现可以应用于物联网设备，此类库通常消耗超过 100 KB 的代码和数据内存，对于传统计算设备来说并不多，但对于医疗传感器等物联网设备来说是不切实际的。TLS 协议使用的加密算法对普通物联网设备的低端 CPU 来说是重大的计算负担。这种计算负担也导致更高的功耗。例如，如果 MCU 被替换为 16 位处理器，一个 32 位 MCU 执行 AES128 的数据速率可能从 3 Mbps 下降到 900 Kbps。请注意，这会导致间接影响，如更长的活跃时间、更大的功率消耗和更短的电池寿命。基本上，其挑战在于使资源受限的物联网系统与智能 IP 系统互操作。

当前的 IT 安全标准需要重新考虑和改进协议、算法和流程，并考虑不断发展的物联网架构。更具体地，网络规模、异构性、电源限制和移动性更大范围和更广泛地改变了攻击面。其需要重新评估和适应基于 IP 的协议，并引入物联网特定的协议。

9.2　物联网安全概述

本节介绍了物联网控制协议的重要基础，如 ZigBee、低功耗 WPAN 上的 IPv6（6LoWPAN）、受限 RESTful 环境（CoRE）、CoAP 和安全协议 [如 IKEv2/IPSec、TLS/SSL、数据报传输层安全（DTLS）、主机身份协议（HIP）]、网络访问认证协议（PANA）和可扩展认证协议（EAP）。本节还讨论了物联网安全的关键概念，包括身份管理、认证、授权、隐私、信任和管理。安全攻击、威胁和安全工具的科学分类列于表 9.2。

表 9.2　物联网网络中减轻威胁的安全机制

威胁 / 安全机制		数据隐私	数据新鲜度	源认证	数据完整性	入侵检测	身份保护
捕获	物理系统						X
	信息	X			X		X
中断	DoS 攻击		X	X		X	
	路由攻击					X	
操纵	伪装攻击	X		X	X		X
	重放攻击		X	X	X		
	中间人攻击			X	X	X	

9.2.1 物联网方案

物联网方案研究了受限物联网设备的安全性方法，并提供了用例。其首先描述了通用安全架构及其主要技术，然后讨论了其组件如何与受限通信栈协作，并分析了 ISO/OSI 模型不同层次上流行安全方法的优点和缺点。此外，文献 [3] 讨论了现有互联网协议和安全架构与物联网相关的实质及限制，概述了组织模型和一般安全需求，展示了基于 IP 的安全解决方案的挑战和需求，并突出了实现标准 IP 安全协议（IPSec）的具体技术障碍。目前，IETF 工作组专注于为资源受限的网络环境扩展现有协议，其中包括 CoRE [4]、6LoWPAN [5-6]、低功耗和有损系统路由（ROLL）[7]，以及轻量级实现指导（LWIG）工作组。为了适应资源受限设备的需要，适当的协议发展和调整主要集中在减少协议开销，以适应更小的最大传输单元（MTU），这有助于通过更小的数据包降低功耗，减小断续性，并减少握手消息的数量。表 9.3 展示了一个典型的蓝牙智能设备的物联网协议栈层级。

表 9.3 蓝牙智能设备物联网协议栈

层　　级	对应协议
应用层	CoAP MQTT
传输层	UDP TCP
网络层	IPv6 ICMPv6 RPL
适配层	蓝牙智能 6LoWPAN
物理层和链路层	IPSP

IPv6 显著扩展了可用的 IP 地址数量，提供了 2^{128} 个地址，这意味着如果需要，每个设备都可以拥有自己独特的 IPv6 地址。例如，6LoWPAN 等技术使在车载环境中以自组织方式集成传感器成为可能。6LoWPAN 允许传感器与 IP 协议进行本地通信。此外，新的应用层协议，如 CoAP 和消息队列遥测传输（MQTT）[8]，确保了有限的物联网设备的传输能力和资源的高效利用。蓝牙智能是一个开放标准，专门为由电池供电的传感器和可穿戴设备设计。现在，蓝牙智能通过 6LoWPAN IETF 草案进行控制，非常适合满足传感器连接到云的不断增长的需求，无须智能网关。互联网协议服务配置文件（IPSP）定义了建立和管理蓝牙低功耗连接控制及适配协议（L2CAP）的逻

辑通道。IPSP 和蓝牙智能 6LoWPAN 标准确保了在蓝牙智能中作为物理层的 IP 栈的最优性能。6LoWPAN 表征了从蓝牙智能设备地址创建设备的 IPv6 地址，并尽可能压缩 IP 头，以最佳利用 RF 数据传输能力，实现节能目的。物联网对象的静态配置文件根据其自身的端点资源（如特性、电池、处理能力、内存大小等）和其预期使用或需要的网络安全设置来表示信息。静态配置文件可以是只读的（由制造商预设）、一次性写入（由生产商设置）或可重写的（由用户启用）。请注意，特定的安全特性可能对物联网对象在计算上有所限制；因此，在建立安全通道之前，需要进行权衡，以便相关端点可以就加密套件达成一致。

9.2.2　网络和传输层挑战

IPSec[9] 使用安全联盟（SA）的概念，定义为用于加密和验证特定单向流的算法和参数集（如密钥）。为了建立 SA，IPSec 可以预配置（确定预共享密钥、哈希功能和加密算法），或者可以逐步通过 IPSec 互联网密钥交换（IKE）协议进行协商。IKE 协议使用端到端加密，这对资源受限的设备来说在计算上可能过于繁重。为解决这个问题，应使用采用较轻算法的 IKE 扩展。数据开销是 IPSec 在物联网环境中使用的另一个问题，这是 IPSec AH 和封装安全有效载荷（ESP）[10] 的额外头部实例化导致的，可以通过头部压缩来减轻。

CoAP 建议使用 DTLS 协议 [11] 为物联网系统提供端到端安全。DTLS 协议提供类似于 TLS 的安全服务，但通过 UDP 传输。这对于物联网环境非常合适，因为其采用 UDP 作为传输协议，避免了因使用 TCP 在网络受限环境中出现的问题，此类问题通常源于极端的传输延迟和高丢包率。DTLS 协议是一个重量级协议，其头部可能太长，不适合放在单个 IEEE 802.15.4 MTU 中。6LoWPAN 提供了头部压缩功能，以减小上层头部的大小，此类机制也可以用来压缩安全头部 [12]。文献 [13] 提出了一种新的用于 DTLS 的 6LoWPAN 头部压缩算法，其使用标准化协议将压缩的 DTLS 与 6LoWPAN 连接，所提出的 DTLS 压缩显著减少了额外的安全位的数量。文献 [13] 同时提出了一种用于物联网的基于 DTLS 的双向认证安全方案，该方案依赖广泛使用的基于公钥的 RSA 加密协议，并在标准的低功耗通信栈上运行。

9.2.3　IoT 网关和安全

可用性是设计物联网网络时面临的重大挑战之一。终端设备的多样性使提供 IP 网络非常困难，因此也应有工具将非 IP 设备连接到物联网。物联网网关可以通过支持各种方式的本地连接来简化物联网设备的配置，无论是原始传感器的电压变化、通过内部集成电路（I2C）从编码器传输的大量数据，还是通过蓝牙从机器进行的定期更新。网关通过整合不同来源和接口的数据并将其连接到互联网，有效地调节了设备的多样性和复杂性。结果是，单个设备不必承受快速互联网接口的复杂性或成本就可以连接。物联网网关可按照下面描述的几种方式扩展设备的网络。

- 系统设备通过网关与物联网连接，此类设备本身不是基于 IP 的，因此不能直接连接到互联网 / 广域网。相反，它们使用有线或无线个人区域网络（PAN）技术，以更经济、更简单的方式与网关连接。网关为每个设备维护一个物联网代理，处理所有设备的数据。目前，智能也可以位于网关中。

- 设备也可以直接使用 WAN（如 Wi-Fi 或以太网）连接到互联网。网关主要作为交换机；实际上，当设备有自己的物联网代理并独立管理自己时，其可以仅仅是一个交换机。

- 设备还可以直接使用 PAN（如 6LoWPAN）连接到互联网，在这种情况下，网关充当 PAN 和 WAN 之间的翻译点。许多物联网应用可能处理敏感的信息。例如，从定位服务收集的信息应该免受黑客攻击。同样，医疗设备需要维护个人的安全。在物联网网关架构中，安全处理和功能可以从设备卸载到网关，以确保适当的认证，确保数据交换的安全，并保护知识产权。这使物联网设备能够实现比在单个终端设备上更高级别的安全。

9.2.4　IoT 路由攻击

由于物联网设备的物理特性而产生的威胁可以通过适当的物理安全措施来缓解，而安全通信协议和加密算法是应对由于物联网设备彼此通信和与外界通信而产生威胁的唯一方法。对于后者，物联网设备可以根据其计算能力和能源供应情况选择运行标准的 TCP/IP 协议栈，或者如果资源受限，也可以运行为减少计算和能耗而特别优化的版本。攻击者可能会利用一些明显的路由攻击手段。6LoWPAN 网络或 IP 相关的传感器系统通过 6LoWPAN 边界路由器（6LBR）连接到传统互联网。低功耗和有损网络的路由协议（RPL）是为 6LoWPAN 网络标准化设立的一种新的路由协议。RPL 在 6LoWPAN 中的设备之间创建了一个目标导向的有向无环图（DODAG），支持 DODAG 根的单向流量和 6LoWPAN 设备之间及设备与 DODAG 根（通常是 6LBR）之间的双向流量。RPL 使网络中的每个设备都能够决定数据包是向上发送到它们的父节点还是向下发送到它们的子节点。

物联网中针对传感器网络的攻击手段在文献 [14-15] 中进行了探讨。物联网中一些众所周知的路由攻击包括：

- 选择性转发攻击。
- 汇点攻击。
- Hello 洪泛攻击。
- 蠕虫洞攻击。
- 克隆 ID 攻击和 Sybil 攻击。

选择性转发攻击允许恶意节点有选择地转发数据包，以此执行 DoS 攻击。这类攻击的主要目的是破坏路由路径。例如，攻击者可能会转发所有 RPL 控制消息，同时丢弃其他流量。当此类攻击与其他攻击手段（如汇点攻击）结合时，将带来更为严重的影响。为了防御选择性转发攻击，一种策略是在源节点与目的节点间建立多条独立的路由路径；另一种策略是确保攻击者无法区分不同类型的流量，迫使攻击者必须转发所有流量，否则无法转发任何流量。

在汇点攻击中，恶意节点通过发布虚假的路由信息，并声称自己拥有优越的路由指标，吸引周围的节点通过其路由流量。可以在 6LoWPAN 边界路由器（6LBR）上部署入侵检测系统，利用来自不同 DODAG 的数据来识别汇点攻击。

在 Hello 洪泛攻击中，HELLO 消息是节点加入网络时发送的第一个消息。攻击者通过广播一个具有强烈信号和优越路由指标的 HELLO 消息，使自己成为许多节点甚至整个网络的邻居。对此攻击的一个基本防御措施是，对每个 HELLO 消息都应检查其是否为双向连接。

蠕虫洞攻击通过在两个节点之间建立一个非传统的通信链路（无论是有线还是无线），使得数据包能够以比常规路由更快的速度传输。如果蠕虫洞攻击与其他攻击（如汇点攻击）结合，将构成严重的安全威胁。一种可能的防御策略是为网络的不同部分使用不同的连接层密钥，这样可以阻止蠕虫洞攻击，因为在网络的不同独立部分间无法进行通信。此外，利用地理位置信息也可以有效抵御蠕虫洞攻击。

在克隆 ID 攻击中，攻击者将合法节点的身份复制到另一个物理节点上，以获取网络更大部分的访问权限或破坏投票系统。Sybil 攻击与克隆 ID 攻击类似，攻击者在同一个物理节点上使用多个网络身份，以便在不增加物理节点的情况下控制大部分的网络。通过监控每个身份的活动模式，可以识别克隆的身份。如果能够确定设备的地理位置，也能通过这种方式识别克隆身份，因为同一身份不可能同时出现在多个地点。

9.2.5 引导和认证

引导和认证控制设备的系统接入过程。在物联网中，认证至关重要，其往往是设备加入新网络后执行的第一个操作，如设备移动后。这通常通过一个远程认证服务器，使用如 PANA 的网络接入协议来完成[16]。为了提高互操作性，可能会考虑使用 EAP[17]。认证成功后，可以建立更高层次的安全会话（如 IKE 及 IPSec）[18]，并在新认证的端点和相关网络的入口控制服务器之间推进。

互联网密钥交换（IKEv2）/IPSec 和 HIP[19] 位于或高于网络层，这两种协议都能够执行认证密钥交换并设置 IPSec 以实现安全数据传输。目前，研究人员也在开发 HIP 的一个变种，被称为 Diet HIP[20]，其专为功耗较低的系统在认证和密钥交换层面进行了优化。

9.2.6 授权机制

目前在互联网上运行的服务，如流行的社交媒体应用，已经面临并处理了与个人及受保护信息相关的安全问题，此类问题可能涉及将信息公开给第三方。未来，物联网应用也将面临类似问题，以及一些可能独特的问题。开放授权（OAuth）协议用来解决授权第三方访问用户个人信息的问题[21]。OAuth 2.0[22] 是一种授权框架，允许第三方在不泄露明文凭证的情况下，访问资源所有者控制的资源。例如，如果一个医疗传感器或移动应用需要在 Facebook 上发帖，无须向应用提供 Facebook 的登录凭据。用户直接登录 Facebook，然后应用就可获得代表用户使用 Facebook 的授权。用户也可以随时在 Facebook 设置中撤销这一授权。OAuth 2.0 协议定义了以下四种角色。

（1）资源所有者：资源所有者是能够授予对受保护资源访问权限的实体。若资源所有者为人，则通常被称为终端用户。例如，在前述医疗设备的例子中，资源所有者就是设备的终端用户。

（2）资源服务器（服务提供者，SP）：资源服务器是托管受保护资源的服务器，其能够利用访问令牌来接收和响应对此类资源的请求。在所举的例子中，资源服务器即 Facebook 服务器。

（3）客户端（服务消费者，SC）：客户端是指代表资源所有者发出受保护资源请求的应用程序，并已获得资源所有者的授权。"客户端"一词并不指代任何特定的实现细节，比如应用程序是在服务器、桌面还是在其他设备上运行。在此情形下，客户端可能是一个医疗传感器或移动应用程序。

（4）认证服务器：认证服务器是指在成功验证资源所有者的身份并确认其授权之后，向客户端发放访问令牌的服务器。在本例中，认证服务器是 Facebook 的认证服务器。

9.2.7　IoT-OAS

考虑加密计算对 CPU 的高要求，物联网设备在实施 OAuth 时可能会面临挑战[23]。因此，文献 [23] 提出了一种名为物联网 -OAS（IoT-OAS）的改进架构。在该架构中，相关功能被外包给外部的 IoT-OAS 认证服务，目的是减小物联网设备自身的内存和减轻 CPU 负担。

当收到一个即将到来的 OAuth 认证请求时，IoT-OAS 认证服务会核查请求中包含的访问令牌。该服务利用适当的加密方案（PLAINTEXT/HMAC/RSA）对请求的数字签名进行登记，并与内部存储进行比对，以此确认客户端和用户的凭证及对资源的访问授权。随后，IoT-OAS 认证服务将返回适当的响应，准许或拒绝客户端所请求的访问权限。这种方法允许物联网设备更专注于其服务逻辑，同时释放了因安全和加密操作而带来的计算资源压力。图 9.1 展示了不同系统间每一层的安全协议。

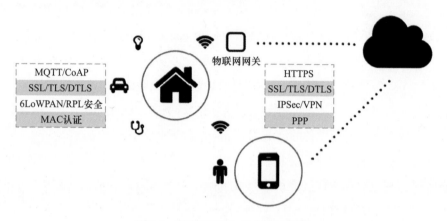

| MQTT/CoAP |
| SSL/TLS/DTLS |
| 6LoWPAN/RPL安全 |
| MAC认证 |

物联网网关

| HTTPS |
| SSL/TLS/DTLS |
| IPSec/VPN |
| PPP |

图 9.1　物联网和 IP 安全协议概览

9.3　物联网安全框架

现在，我们来深入了解一些构建物联网安全框架的关键结构。物联网设备的有限能力，包括它们在能源和计算能力上的局限、远程操作的特性，以及在物理安全方面的脆弱性，都被认为是引发新型安全漏洞的潜在因素。具体而言，我们关注物联网设备的严格资源需求、从 HTTP 到 CoAP 的协议转换，以及端到端的安全保障。框架设计中还需考虑的其他重要方面包括：分布式与集中式方法的选择、引导过程和密钥交换机制、具有安全意识的身份识别、系统的可扩展性，以及 IP 网络的构成要素。在物联网设备数量激增的计算时代，摩尔定律 [24] 可能预示着不同的未来趋势：与单纯的性能提升不同，我们可能会看到计算能力的成本以固定的速度降低，就像时钟的滴答声一样。由于许多预测的应用，如利乐包中的 RFID，都有严格的长期成本控制需求，摩尔定律将越来越多地推动此类应用的实现。许多应用将涉及敏感的健康监测或生物识别信息的处理，因此对于能够高效实现的加密组件的需求正与日俱增。

下面介绍轻量级密码。

轻量级密码是一类密码算法，它们具有较小的存储占用、低能耗和低计算力需求的特点。轻量级密码的开发者必须在安全性、成本和性能之间找到平衡点。通常，在安全性、成本和性能这三个框架目标中，提升任意两个相对容易，但要同时在这三个方面都取得进步则较为困难。

在轻量级密码实现中，我们可以区分对称算法和非对称算法两种类型。对称算法主要用于确保消息的完整性、内容认证和加密；而非对称算法则在密钥管理上有优势，并支持不可否认性。hilter kilter 算法在计算上要求更高，无论是硬件实现还是软件实现。在资源受限的设备，如 8 位微控制器上，非对称算法的性能差距尤为显著。例如，高级非对称算法（如 ECC）的执行时间可能是标准对称算法（如 AES）的 100～1000 倍，这与能耗的显著增加有关[24]。对称密钥密码算法使用同一密钥进行明文的加密和密文的解密，加密密钥是参与安全通信的各方之间的共同秘密。

1. 对称密钥轻量级密码算法

- 微型加密算法（TEA）是一个因简洁的描述和实现而知名的算法，通常只需几行代码即可表达[25]。TEA 基于两个 32 位无符号整数（可从 64 位数据块中获得）并使用 128 位密钥。TEA 仅依赖 32 位字的数值处理，使用加法、异或和位移操作。对于内存容量较小的物联网设备，TEA 非常适合，因为其计算过程采用了大量简洁的指令，避免了复杂的程序设计，减少了对预设表格和长时间初始化的需求。TEA 以其结构简单、流程简短而著称，其不依赖预设的表格或预先计算的数据，因此有助于节省宝贵的内存资源。

- 可扩展加密算法（SEA）专为小型嵌入式应用程序设计[26]，针对的是处理能力和吞吐量有限的场景。SEA 的设计原则在于其灵活性：明文大小、密钥大小和处理器字大小都是可配置的参数，算法命名为 SEAn;b。其中，n 是 6b 的倍数。SEA 的主要局限在于其可能在计算能力受限的设备上占用过多空间，因为其倾向于用空间换取时间。

- PRESENT 是一种超轻量级的对称密码算法，基于替代-置换网络（SPN）构建[27]。PRESENT 旨在成为在硬件上非常小且高效的算法，处理 64 位的数据块，支持 80 位或 128 位的密钥。其适用于低能耗和高芯片效率的场景，非常适合资源受限的环境。

- HIGHT 是一种高安全性、轻量级的加密算法，具有 64 位的块、128 位的密钥和 32 轮的迭代[28]。HIGHT 专为低资源硬件执行而设计，使用基本操作如异或、模 28 加法和位翻转。

2. 非对称轻量级密码算法

公开密钥（hilter kilter）密码依赖公钥和私钥的使用。公钥可以通过包含在由认证机构（CA）签发的证书中来与实体的身份关联，以验证其身份。非对称密码需要部署一个庞大的公钥基础设施（PKI），并且相较于对称密码，需要更高的计算能力和更长的密钥长度（例如，RSA 至少需要 1024 位[29]）。其他非对称密码方案，如 ECC[30]，可能需要较短的密钥来达到与 RSA 相同的安全级别。然而，考虑处理速度、计算资源和传输消息的大小，对称密码在这些方面更为有利。公钥还可以用来在后续通信中协商对称密钥。轻量级密码算法适用于对安全需求不严格或硬件和能量资源受限的环境。

3. 密钥协商、分发和引导

在实施安全特性时，必须建立密钥的分发和管理机制。非对称（公钥）密码算法常用于密钥协商协议。但为了应对设备资源受限的挑战，出现了一些不依赖非对称密码的替代方案。例如，文献 [31] 定义了一种基于多项式的密钥预分配方案，并在文献 [32] 中应用于无线传感器网络。SPINS[33] 也是一种潜在的密钥协商协议，专为传感器网络设计。在 SPINS 中，每个传感器节点与基站共享一个秘密密钥，基站作为可信第三方来建立新密钥，无须使用非对称密码。文献 [34] 提出了三种高效的随机密钥预分配方案，以解决资源受限传感器网络的安全引导问题，每种方案都代表了不同的设计权衡。

4. 安全引导

密钥协商协议要求在设备上预配置一些凭证，如对称密钥、证书和密钥对，以便进行密钥协商。引导是指在系统能够互操作之前必须执行的一系列任务，这需要在 OSI 模型的所有层级上进行正确的配置。引导可以看作从大量之前未连接的物联网设备中创建安全域的过程。当前的物联网模型通常是完全集成的，由中央实体管理所有安全关系。例如，在 ZigBee 标准中，这个实体被称为信任社区。在 6LoWPAN/Core 的规范中，6LoWPAN 边界路由器（6LBR）扮演这个角色。统一的框架允许集中管理设备和密钥关系，但这种框架的缺点是存在单点故障。分散的方法可以创建专门的安全域，此类域可能不需要集中的在线管理实体，允许设备子集独立运行。此类专门的安全域稍后可以与集成的实体同步，实现统一和分散的管理。

9.4　物联网网络中的隐私

本节讨论物联网中的隐私问题和机制。智能设备通过提供、处理和传输各种数据与人类和其他智能设备交互，带来了隐私和数据泄露的风险。医疗保健应用是物联网的一个高级用例。安全性的不确定性降低了用户接受度，影响了物联网的应用。数据交换的无线模式可能会引发新的安全问题。无线通信扩大了遭到攻击的风险，因为无线接入能力可能使系统容易受到监听和隐藏攻击。

物联网设备和应用在传统互联网安全问题上增加了一层复杂性，如个人信息的泄露。在医疗保健领域，物联网设备尤其令人担忧，因为它们通常通过持续监测关键参数生成大量个人数据。目前，重要的是通过数据匿名化等手段，将设备的身份与个人身份分离。数据匿名化是将个人识别信息从数据集中编码或删除的过程，可使数据的创建者保持匿名。数字影子允许个人的物品代表他们采取行动，存储包含他们参数信息的虚拟身份。在物联网中，身份管理可能提供新的机会，通过结合人和机器的不同认证方法来增强安全性。例如，将生物识别与个人区域内的物品结合，可以打开门。

9.4.1　安全数据聚合

同态加密允许在不解密的情况下，在密文上执行特定类型的计算，并得到一个加密的结果，该结果与在明文上执行相同操作的结果相同。应用标准加密策略会导致：如果数据以明文形式存储，可能会向存储管理员/数据库管理员泄露敏感数据。如果数据经过加密，服务提供商则无法处理它。若数据经过加密，对于基础的查询任务，比如统计包含某特定关键词的文档或文件的数量，通常就不得不先下载再解密整个数据库的数据。同态加密允许用户控制数据而无须首先解密。RSA 算法是同态加密的一个例子。其他同态加密方案包括 ECC 加密、ElGamal 密码体系 [35] 和 Pailler 密码体系 [36]。同态加密对物联网系统至关重要，因为其可以在通信的所有阶段保护安全，特别是不需要中间节点来解密数据。例如，通过在网络中间节点执行数据聚合操作，如计算总和及平均数，可以大幅度减少所需的处理能力和存储空间。这样能够显著降低能量消耗，这在资源受限的环境中尤为关键。但请注意，同态加密体系计算更为密集，需要更长的密钥来实现与传统对称密钥加密相同的安全级别。

通常情况下，安全数据聚合机制要求节点执行以下操作。

- 在传输节点上，数据在传输前通过加密函数 E 加密。
- 在接收节点上，所有接收的数据包通过解密函数 $D=E-1$ 解密，以恢复原始数据。
- 数据通过聚合函数进行聚合。
- 在重新传输前，聚合数据通过 E 加密，并传递到下一个跳。

9.4.2 Enigma

麻省理工学院的研究人员 Guy Zyskind 和 Oz Nathan 最近宣布了一个名为 Enigma 的项目，该项目在实现完全同态加密协议这一目标上取得了重要理论进展 [37]。Enigma 是一个共享系统，允许多方在保持数据完全私密的同时共同存储和进行数据计算。Riddle 计算模型基于一种高度复杂的安全多方计算，并由一个明显的密钥共享方案提供保证。对于存储，其使用了一个修改后的分布式哈希表来保存秘密共享数据。一个外部的区块链用作系统的控制器，管理访问控制、身份，并作为精心设计的事件日志。存储的安全性及经济性促进了系统的发展、适当性和公平性。与比特币一样，Enigma 消除了对可信第三方的需求，允许用户自主控制个人数据。用户可以以加密证书的形式共享他们的数据，此类证书与他们的安全性有关。

Enigma 的一个典型用例是医院和医疗保健提供商之间的合作，其根据 HIPAA 指南存储加密的患者数据。研究机构和制药公司可以从此类数据中获益，用于临床研究。举例来说，医疗机构可以将患者数据加密后存储在云服务器上，随后，经过该医疗机构的授权，不同的学术机构、制药公司和保险公司便能够访问此类数据。

在使用 Enigma 技术的情况下，值得注意的是，医疗机构无须事先对数据进行解密和匿名化，仅需授予访问权限即可。

9.4.3 零知识协议

零知识协议允许在不泄露任何秘密数据的情况下执行识别、密钥交换和其他基本的密码学操作。零知识协议在物联网系统中特别有吸引力，尤其是对于智能卡等应用程序。零知识协议被认为比公钥协议具有更少的计算需求，可以在更少的计算能力下达到类似的效果。一般情况下，零知识协议能够在大幅减少计算资源消耗（是公钥协议所需计算力的百分之一到十分之一）的情况下，实现与公钥协议相似的安全性。执行此类协议的计算成本可能为原始比特串长度的 20～30 倍，但通过预计算，这个需求可以优化至 10～20 倍。相较于 RSA 算法，零知识协议的速度要快得多；而关于内存需求，两者似乎相差无几：零知识协议为了确保高安全性，同样需要较长的密钥和数字，因此在内存使用上，它们的需求可能并没有本质上的差异[38]。

9.4.4 信标中的隐私

在远程通信技术的创新中，信标技术的核心理念是传播简短的数据片段。此类数据可能包括各种信息，范围从周边环境数据到关键的生命体征，如体温、血压、心率及呼吸频率，或者是用于资源定位等的微位置信息。根据具体情况，传输的数据可能是静态的或动态的，并随时间变化。蓝牙信号为位置感知开启了新的可能性，为智能应用带来了无限机遇。信标技术正成为物联网发展中的一项关键技术。例如，低功耗蓝牙发射器或接收器就是一种信标，它们因能效高而成为长期依赖小电池运行的设备的理想选择。蓝牙智能技术的一大优势是其与现有的智能手机或平板电脑上的应用兼容。信标技术的一个主要用途是收集特定环境下的详细信息和进行时间序列的重复测量。由于从信标收集的数据大多数与时间相关联，这可能会给信息安全和个人隐私保护带来严重风险。

信标及其传输的时间序列数据的安全和隐私问题，已成为研究关注的新领域。安全性的考量包括基于基础计算难题的安全性和基于数据理论的安全性。数据理论安全的一个更深层次的度量是考虑敌人可利用的内在信息量，这与敌人如何利用此类信息或其可能面临的计算限制无关。文献 [39] 中提出了数据理论安全度量的新标准，如限制性熵，实践证明其适合评估受扰动的真实时间序列信息的安全性，与现有其他度量方法相比具有优势。

大量关于普适计算系统中安全问题的研究同样适用于物联网。确立显著的身份标识、利用可靠的通信手段及保护逻辑数据，对于确保当前用户的隐私权至关重要 [40]。已有研究探讨了匿名通信方法和使用化名来保护用户隐私，同时评估了用户匿名性。这些研究采用了新颖的方法，通过向使用其服务的应用程序隐藏用户身份来保护使用此类服务的用户。

在去中心化信任管理方面 [41]，研究者也提出了新技术，此类技术有助于建立信任基础，并计算更适合动态、即兴网络环境的信任度量。他们的模型展示了在物联网等特定系统中建立信任所面临的内在挑战，此类系统中新的传感器、服务和用户不断加入并需要共享信息。

最终，物联网应用将由无处不在的计算和通信基础设施提供支持，将对用户及其环境中的重要逻辑数据进行精细访问。显然，此类应用的成功部署将依赖我们确保其及其所共享数据的安全性的能力。

敏感数据的一个例子是位置信息。当位置感知系统自动跟踪用户时，就会产生大量潜在的敏感数据。确保位置数据的安全不仅涉及控制对数据的访问，还包括向请求者提供适当粒度的信息。《位置服务手册》[42] 详细探讨了移动系统中的各种位置检测技术，以及每种技术的覆盖范围和安全措施。

9.5　总结

物联网凸显了那些在万维网上曾被视为较不紧迫的安全问题。例如，人们在社交媒体平台如 Facebook 上分享个人资料信息，这促进了此类平台通过定向广告而非会员费来实现其商业目标。在这种情况下，隐私问题往往被忽略。然而，智能物联网设备揭示了更多敏感数据，对于这种商业模式的容忍度更低，因为其主要涉及后端信息。因此，用户更可能对安全问题敏感，并且更容易受到攻击。此类挑战使在确保隐私的同时安全地实施物联网变得复杂。目前，研究者正在研究许多有前景的方法，以解决此类安全问题，但在我们能够看到准备投入生产的、标准化且被广泛接受的商业应用之前，仍有一段路要走。

本章原书参考资料

1. Bonetto, R., Bui, N., Lakkundi, V., Olivereau, A., Serbanati, A., Rossi, M., Secure communication for smart IoT objects: Protocol stacks, use cases and practical examples, in: *IEEE International Symposium on a World of Wireless*, *Mobile and Multimedia Networks* (*WoWMoM*), San Francisco, pp. 1–7, 2012.

2. Chan, H., Perrig, A., Song, D., Random key predistribution schemes for sensor networks, in: *Proceedings of the IEEE Symposium on Security and Privacy*, Oakland, pp. 197–213, 2003.

3. Cirani, S., Ferrari, G., Veltri, L., Enforcing security mechanisms in the IP-based Internet of Things: An algorithmic overview. *Algorithms*, 6, 2, 197–226, 2013.

4. Cirani, S., Picone, M., Gonizzi, P., Veltri, L., Ferrari, G., IoT-OAS: An OAuthbased authorization service architecture for secure services in IoT scenarios. *IEEE Sens. J.*, 15, 2, 1224–1234, 2015.

5. Eisenbarth, T. and Kumar, S., A survey of lightweight-cryptography implementations. *IEEE Des. Test Comput.*, 24, 6, 522–533, 2007.

6. El Gamal, T., A public key cryptosystem and a signature scheme based on discrete logarithms. *Advances in cryptology. Proceedings of CRYPTO 84*, Santa Barbara, USA, pp. 10–18, 1984.

7. Hardt, D., The OAuth 2.0 authorization framework. RFC 6749, RFC Editor, *Internet Engineering Task Force* 2–18, 2012.

8. Hunkeler, U., Truong, H. L., Stanford-Clark, A., Mqtt-s—A publish/subscribe protocol for wireless sensor networks, in: *IEEE COMSWARE*, S. Choi, J. Kurose, K. Ramamritham (Eds.), pp. 791–798, 2008.

9. Aboba, B., Blunk, L., Vollbrecht, J., Carlson, J., Levkowetz, H., Extensible Authentication Protocol (EAP). RFC 3748, RFC Editor, 2004.

10. Aronsson, H. A., Zero knowledge protocols and small systems. *Information Scurity and Privacy* 5, 3, 18.2015.

11. Beresford, A. R. and Stajano, F., Location privacy in pervasive computing. *IEEE Pervasive Comput.*, 2, 1, 46–55, 2003.

12. Blundo, C., De Santis, A., Herzberg, A., Kutten, S., Vaccaro, U., Yung, M., Perfectly-secure key distribution for dynamic conferences. *Inf. Comput.*, 146, 1, 471–486, 1998.

13. Bogdanov, A., Knudsen, L. R., Leander, G., Paar, C., Poschmann, A., Robshaw, M. J., Seurin, Y., Vikkelsoe, C., PRESENT: An ultra-lightweight block cipher. *Proceedings of 9th international workshop*, Vienna, Austria, pp. 450–466, 2007.

14. Forsberg, D., Ohba, Y., Patil, B., Tschofenig, H., Yegin, A., Protocol for carrying authentication for network access (PANA). RFC 5191, RFC Editor, 2008.

15. Frankel, S. and Krishnan, S., IP security (IPSec) and internet key exchange (like) document roadmap, RFC 6071, RFC Editor, 2011.

16. Hammer-Lahav, E., The OAuth 1.0 protocol, RFC 5849, RFC Editor, 2010.

17. Heer, T., Garcia-Morchon, O., Hummen, R., Keoh, S., Kumar, S., Wehrle, K., Security challenges in the IP-based Internet of Things. *Wirel. Pers. Commun.*, 61, 3, 527–542, 2011.

18. Hong, D., Sung, J., Hong, S., Lim, J., Lee, S., Koo, B. -S., Lee, C., Chang, D., Lee, J., Jeong, K. *et al.*, Hight: A new block cipher suitable for low-resource device, in: *Cryptographic hardware and embedded systems*, pp. 46–59, Springer, CHES, 2006.

19. Hui, J. and Thubert, P., Compression format for IPv6 datagrams over IEEE 802.15.4 based networks, RFC 6282, RFC Editor, 2011.

20. Karlof, C. and Wagner, D., Secure routing in wireless sensor networks: Attacks and countermeasures. *Ad Hoc Networks*, 1, 2, 293–315, 2003.

21. Koblitz, N., Elliptic curve cryptosystems. *Math. Comput.*, 48, 177, 203–209, 1987.

22. Ma, C. Y. and Yau, D. K., On information-theoretic measures for quantifying privacy protection of time-series data, in: *Proceedings of the Tenth ACM Symposium on Information, Computer and Communications Security*, ACM, New York, pp. 427–38, 2015.

23. Martin, E., Liu, L., Covington, M., Pesti, P., Weber, M., Chapter: 1 Positioning technology in location-based services, in: *Location based services handbook: applications, technologies, and security*, S. A. Ahson and M. Ilyas (Eds.), CRC Press, Boca Raton. 2010.

24. Montenegro, G., Kushalnagar, N., Hui, J., Culler, D., Transmission of IPv6 packets over IEEE 802.15.4 networks, RFC 4944, RFC Editor, 2007.

25. Moskowitz, R., Nikander, P., Jokela, P., Henderson, T., Host Identity Protocol, RFC 5201, RFC Editor, Verlag Berlin Heidelberg. 2008.

26. Paillier, P., Public-key cryptosystems based on composite degree residuosity classes, in: *Advances in Cryptology—EUROCRYPT'99*, pp. 223–38, Springer, Verlag Berlin Heidelberg, 1999.

27. Perrig, R., Szewczyk, J. D., Tygar, V., Wen, D. E., Culler, SPINS: Security protocols for sensor networks. *Wirel. Netw.*, 8, 5, 521–534, 2002.

28. Raza, S., Trabalza, D., Voigt, T., 6loWPAN compressed DTLS for CoAP, in: *Eighth IEEE Distributed Computing in Sensor Systems* (*DCOSS*), Hangzhou, China, pp. 287–89, 2012.

29. Rescorla, E. and Modadugu, N., Datagram transport layer security version 1.2, RFC 6347, RFC Editor, 2012.

30. Standaert, F. -X., Piret, G., Gershenfeld, N., Quisquater, J. -J., SEA: A scalable encryption algorithm for small embedded applications, in: *Proceedings of 7th IFIP WG 8.8/11.2 international conference*, *CARDIS 2006*, Tarragona, Spain, pp. 222–236, 2006.

31. Zhao, M., Li, H., Wouhaybi, R., Walker, J., Lortz, V., Covington, M. J., Decentralized trust management for securing community networks. *Intel Technol. J.*, 13, 2, 148–169, 2009.

32. Zyskind, G., Nathan, O., Pentland, A., Enigma: Decentralized computation platform with guaranteed privacy, CoRR, abs/1506.03471, *Information Scurity and Privacy* 5.3, 18.2015.

33. Kent, S. and Seo, K., Security architecture for the Internet protocol, RFC 4301, RFC Editor, 2005.

34. Kent, S., IP encapsulating security payload (ESP), RFC 4303, RFC Editor, 2005.

35. Kothmayr, T., Schmitt, C., Hu, W., Brunig, M., Carle, G., A DTLS based endto-end security architecture for the Internet of Things with two-way authentication, in: *Thirty Seventh IEEE Conference on Local Computer Networks Workshops*, FL, pp. 956–63, 2012.

36. Liu, D., Ning, P., Li, R., Establishing pairwise keys in distributed sensor networks. *ACM Trans. Inf. Syst. Secur.*, 8, 1, 41–77, 2005.

37. Rivest, R. L., Shamir, A., Adleman, L., A method for obtaining digital signatures and public-key cryptosystems. *Commun. ACM*, 21, 2, 120–126, 1978.

38. Shelby, Z., Chakrabarti, S., Nordmark, E., Bormann, C., Neighbor discovery optimization for

IPv6 over low-power wireless personal area networks (6loWPANs), RFC 6775, RFC Editor, *Information Scurity and Privacy* 2012.

39. Shelby, Z., Constrained restful environments (CoRE) link format, RFC 6690, RFC Editor, 5.3, 18.2012.

40. Wallgren, L., Raza, S., Voigt, T., Routing attacks and countermeasures in the RPL-based Internet of Things. *Int. J. Distrib. Sens. Netw.*, 2013, 11, 2013.

41. Wheeler, D. J. and Needham, R. M., TEA, A tiny encryption algorithm, in: *Proceedings of fast software encryption, 2nd internation workshop*, vol. 1008, Leuven, Belgium, vol. 1008, pp. 363–66, 1995.

42. Winter, T., Thubert, P., Brandt, A., Hui, J., Kelsey, R., Levis, P., Pister, K., Struik, R., Vasseur, J., Alexander, R., RPL: IPv6 routing protocol for low-power and lossy networks, RFC 6550, RFC Editor, *Information Scurity and Privacy* 5.4, 152012.

第 10 章
通过机器学习实现商业智能

玛玛塔·拉斯[*]

摘要：商业智能软件已成为先进组织预测市场趋势和进行商业分析的关键工具。商业智能技术使组织能够分析行业细分、客户行为、消费模式、客户偏好、组织能力和财务状况等的变化模式。商业智能旨在帮助分析师和决策者识别与此类不断演变的模式相比更为有利的变化。数据中心的进步、软件和硬件基础设施的扩展、数据清洗技术的进步及网络架构的发展，共同促成了一个比以往更加先进和功能丰富的商业智能环境。本章致力于提出构建商业智能框架的结构。商业智能系统整合了操作和历史数据，利用结构化和系统化的工具，向业务人员和管理层提供具有成本效益及一致性的洞察。商业智能致力于提升数据的可访问性和质量，使企业领导者能够更深入地理解自己公司相对于竞争对手的情况。本章讨论了机器学习在大型商业组织实现商业智能方面所扮演的关键角色。

关键词：商业智能、机器学习、物联网、计算机安全、数据分析、人工智能、云计算、数据仓库

10.1 引言

随着商业世界的快速发展，企业结构变得日益复杂，这为管理者全面掌握商业环境带来了挑战。全球化、并购、政策放松、技术进步及竞争加剧等因素，迫使企业重新审视其商业策略。为了获得竞争优势，许多大型组织

---

* 印度布巴内斯瓦尔比尔拉全球大学管理学院（IT），邮箱：mamata.rath200@gmail.com。

已经开始采用商业智能（BI）策略，以帮助其理解和管理商业流程。商业智能[1] 主要用于提高数据的易用性和质量，使高层管理者能够更深入地理解自己公司相对于竞争对手的情况[2]。

商业智能技术通过分析行业细分、客户行为、消费模式、客户偏好、组织能力和财务状况等的变化模式，为组织提供决策支持。其用于激励管理者找出哪些变化能更好地应对不同的模式。商业智能的发展促进了对收集信息的深入分析，使决策团队能够扩展对组织任务的认识，从而制定更好的商业策略和选择。

机器学习作为人工智能领域一个充满前景的分支，多年来已在多个领域得到广泛应用，以实现问题解决和复杂决策制定的自动化流程[3-4]。机器学习使计算机能够从数据中学习，积累经验，解决现实世界的问题。人工神经网络（ANN）是机器学习中最受欢迎的方法之一[5-6]，其模仿人脑的生物神经网络，并基于人类学习的原理进行工作。除此之外，机器学习还包括基于案例的推理、自然语言处理、遗传算法和归纳学习等技术。

10.2 商业智能和机器学习技术

机器学习作为一项新兴技术，通过训练计算机智能地提升其性能标准。这种提升依赖应用程序的类型，可以利用示例数据或历史经验进行学习。机器学习是计算机科学的一个分支，专注于如何编程计算机，以提高其基于以往经验解决问题的能力。机器学习算法在解决多个实际领域的现实问题方面发挥了重要的作用[7-8]。智能框架利用机器学习技术开发决策支持系统，广泛应用于包括生物医学在内的多个领域，如在临床环境中诊断心脏病。研究人员评估了 2015 年 6 月 8 日在 PubMed、Cochrane 和 CINAHL 数据库上发表的心脏病决策支持系统（DSS）的相关研究。从满足纳入标准的 20 篇文章中收集的数据被分为以下几个主要领域：数据集构建方法、心脏病种类、机器学习算法、基于机器学习的决策支持系统、结果评估方法、对照组类型及所提出 DSS 的临床效果[9]。在对 331 项研究全面评估后，20 项研究符合纳入标准，主要关注缺血性心脏病的诊断，其中 ANN 是应用最广泛的机器学习技术。ANN 在心肌灌注显像分类中达到了 87.5% 的准确率，在心肌梗死分类中达到了 97% 的准确率。此外，其他技术如 CART 在心力衰竭分类中达到了 87.6% 的准确率。

另外，神经网络集成在心脏瓣膜分类中达到了 97.4% 的准确率，支持向量机在心律失常筛查分类中达到了 95.6% 的准确率，逻辑回归在急性冠状动脉综合征分类中达到了 72% 的准确率，人工免疫识别系统在冠状动脉疾病分类中达到了 92.5% 的准确率，多标准决策分析和遗传算法在胸痛患者分类中达到了 91% 的准确率[10]。图 10.1 概述了机器学习在不同领域的多样化应用，尤其强调了其在商业领域的主要应用。机器学习通过数据分析技术在商业中发挥着关键作用，不仅促进了商业发展，还提高了业务处理能力。

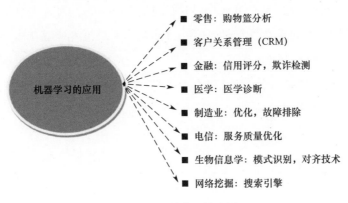

图 10.1　机器学习的应用

商业智能的理念支持管理者在恰当时刻做出明智的决策。通过提供及时、准确、相关的信息，商业智能使决策者能够在关键时刻做出有效的战略性商业决策。商业组织利用商业智能工具来分析商业环境，以获得竞争优势[11]。在某些情况下，此类商业智能技术被视为维持竞争力的核心要素。

商业智能模块的特征包括提高数据透明度、增强性能、最大限度降低风险、支持可持续增长、提高效率，且无须额外的 IT 资源。图 10.2 展示了商业智能的基本特征[12]。

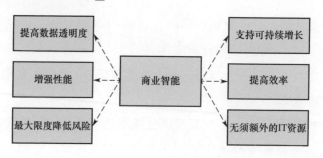

图 10.2　商业智能的基本特征

　　随着商业环境的快速发展，包括政策放松、全球化、并购，以及技术基础设施的进步，组织必须不断审视和更新其商业策略与技术。在这一背景下，商业智能在辅助决策过程中发挥着至关重要的作用，其不仅提升了组织的竞争力，也体现了 IT 与商业系统之间有效的协同作用。商业智能技术不断创新和完善，以应对日益复杂的业务挑战。商业智能技术整合了数据仓库（DW）、在线分析处理（OLAP）和数据挖掘（DM），为解决复杂的业务问题提供了强有力的工具。商业智能的目标是确保决策者能够在需要时获取精确、最新和关键的数据，从而做出更明智的商业决策[13]。有远见的企业通过采用商业智能技术来评估市场和业务状况，以增强其经济优势，在某些情况下，这种智能被视为企业核心竞争力的关键部分。

10.3　文献研究

　　埃克森[14] 在研究中提到了使用自然语言来表达商业规则和原则的方法。自然语言是人类思维和活动的自然表达方式，但对机器而言难以理解。为了使机器能够理解和执行商业规则及流程，需要将此类规则翻译成机器可理解的语言，如过程式语言。文献 [15] 提出了一种基于事实的机器学习策略，旨在理解自然的商业原则，随后将其转化为问题需求语言。通过这种方式，其还提供了一种用于商业流程展示的解释性计算方法。其通过提出一个实际案例——空运货物堆叠安排流程，来展示该技术和算法的高效性与强大能力。结果表明，这种技术和算法推动了商业流程展示技术的创新，并提升了软件开发人员在商业流程展示中的工作效率。库马尔和林姆的研究[16]解释了商业工作流程及其系统化操作，此类操作通过增强算法获得了进一步优化。他们提出了一种新颖的方法，能够处理商业流程中的并发性和重复性问题，此类问题是其他算法的局限性。此外，他们还开发了一种名为"灵活工作流程展示语言"（FWF-NET）的工作流程展示语言，其能够展示不确定和不完整的商业流程数据，使得通过算法挖掘的商业流程可以更容易地转换为 FWF-NET 格式。模型和分析表明，该算法在挖掘商业流程方面是有效的，其降低了工作流程展示和发展的复杂性，并评估了现有工作流程展示的性能。

目前，人工智能和强大的机器学习概念正被应用于商业活动中。许多研究工作已经启动，专注于如何应用它们为商业智能中的高层和中层管理人员提供支持。同时，使用自然语言搜索来帮助管理层更快地访问企业信息、执行分析和确定商业计划的系统也显示出巨大的潜力。尽管机器学习和人工智能技术正在快速发展[17]，但实现此类模型仍然具有很大的不确定性，需要确定不完整的依赖性，并且拟合的静态参数与真实值和物理起源之间存在显著偏差。针对上述挑战，有人基于理想参数选择的矩阵追踪和交叉验证，开发了一种理想的平均机器学习算法［最小二乘支持向量机（LSSVM）］，用于弱点断裂传播速率的估计。其通过系统设计和 LSSVM 学习算法的一致性，复现了复杂且坚实的非线性弱点断裂传播速率曲线，并通过系统搜索和交叉验证方法选择了优化的 SVM 参数。与增强模型的误差和输出估计，以及 9 项参数弱点断裂传播速率拟合模型的输出值相比，经过交叉验证优化参数的 LSSVM 显示了卓越的非线性展示和预测能力。其为材料弱点分析提供了一种简单可行的智能方法。

机器学习作为一种新兴技术，已广泛应用于商业应用，因此对组织在多个层面上进行概念更新是一个挑战。面对这一挑战，需要找到解决方案。幸运的是，我们不必从头开始。相反，我们可以借鉴软件其他领域的不同方法来解决问题。可以借用机器学习和信息技术中的其他工具方法，协助合规和基于业务的决策制定[18]。

10.4 商业分析和机器学习

在机器学习方法中，至关重要的是确保所选特征能够清晰解释训练集，并用于预测隐藏的模式或未来事件。为比较学习性能，可能会保留另一个数据集进行测试，该数据集被称为测试集或测试数据。例如，在期末考试之前，教师可能会给学生一些练习题（训练集），并通过另一组问题（测试集）来评估学生的表现。

图 10.3 展示了机器学习在商业分析中的应用，包括客户关系管理、财务和市场活动、供应链管理、人力资源规划及定价决策等。商业分析涉及与业务盈利性相关的策略，包括收入、收益和股东回报[19]。商业分析方法能够智能地理解数据和信息，并为高层管理生成有信息量的报告。

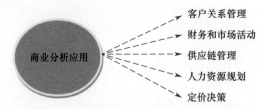

图 10.3　机器学习在商业分析中的应用

图 10.4 描述了商业分析的范围。基于机器学习的商业分析包括三种方法。描述性分析利用与业务相关的数据来理解过去和现在的情况。预测性分析评估过去的绩效，而规范性分析则采用一些优化方法来提升表现。在零售市场低迷时期，描述性分析方法会审视类似产品的历史数据（如价格、销量、广告），预测性分析方法基于价格预测销售情况，而规范性分析方法则寻找最优的定价和广告组合，以最大化销售收入[20]。

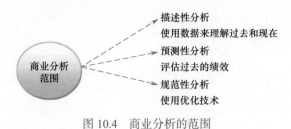

图 10.4　商业分析的范围

商业数据分析的数据来源：数据存储在关系数据库中，以便被智能地访问并进行进一步分析。图 10.5 给出了数据来源的一个示例视图，数据以记录中字段和值的形式系统化地呈现。

	A	B	C	D	E	F	G	H
1	Sales Transactions: July 14							
2								
3	Cust ID	Region	Payment	Transaction Code	Source	Amount	Product	Time Of Day
4	10001	East	Paypal	93816545	Web	$20.19	DVD	22:19
5	10002	West	Credit	74083490	Web	$17.85	DVD	13:27
6	10003	North	Credit	64942368	Web	$23.98	DVD	14:27
7	10004	West	Paypal	70560957	Email	$23.51	Book	15:38
8	10005	South	Credit	35208817	Web	$15.33	Book	15:21
9	10006	West	Paypal	20978903	Email	$17.30	Book	13:11
10	10007	East	Credit	80103311	Web	$177.72	Book	21:59
11	10008	West	Credit	14132683	Web	$21.76	Book	4:04
12	10009	West	Paypal	40128225	Web	$15.92	DVD	19:35
13	10010	South	Paypal	49073721	Web	$23.39	DVD	13:26

图 10.5 商业分析中销售交易的样本数据源

图 10.6 展示了商业智能中的决策行动周期。这种循环方法可用于组织中的高层和中层管理人员进行决策。在做出最终决策之前，在前期阶段，通过协调系统中的人员，如经理、主管和员工，应用一定程度的知识[21]。

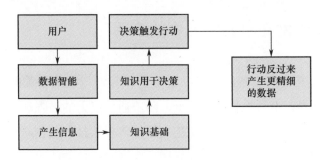

图 10.6 商业智能中的决策行动周期

图 10.7 展示了商业智能系统中不同层级所做出的决策类型。操作性决策与具有短期影响的日常活动相关，可以根据对工人、操作员和主管等低级别员工的工作分配来进行决策。战术性决策在性质上是半结构化的，由中层管理人员做出，以实现部门间的适当协调[22]。战略性决策具有长期影响，性质上是非结构化的，因为它们不常规且重要，由高层管理人员根据情况做出。

图 10.7　不同层级的决策类型

为了做出重大的商业决策以进行规划和控制，专家们采用了商业智能工具，从低层到高层处理数据，顺序如下：数据源（低层）→数据仓库→数据探索（包括统计分析、查询、报告）→数据挖掘→数据呈现与可视化→最终决策制定。在每个层级，商业智能工具都支持管理者和高层管理人员更好地理解情况，并提供技术指导。

尽管机器学习在数据科学中的应用前景已获得广泛认可，但仍应遵循一些基本准则，以确保其适用性。此类准则被称为"无免费午餐定理"，其基于数据集和学习属性的特性。在数据集方面，"无免费午餐定理"要求训练集和测试集来自相同的分布（同一总体）。在学习属性方面，"无免费午餐定理"要求用户对要实现的属性及如何验证该属性做出假设 [23]。

10.5　物联网在机器学习中的应用

互联网及其连接设备的快速发展使全球各种与技术相关的事物相互连接。如今，世界正运行在物联网之上，随着通信能力的增强和最佳通信传输方式的出现，大量设备与互联网相连。智能传感器技术的创新和发展吸引了众多用户，大多数设备都已接入互联网。互联网连接的传感器和设备产生了指数级增长的数据。无论是有意还是无意，物联网都在创造大量的数据。此类数据对于决策制定至关重要，但挑战在于如何筛选此类数据以供未来的分析使用。物联网为建筑团队提供了一种创新的方法来收集信息并监控其产品、服务和硬件的状态。机器监控系统用于从此类数据中学习，使设备或事物变得更加智能。例如，使用机器监控系统来识别可穿戴设备的异常，并在必要时自动呼叫医生和救护车。表 10.1 详细说明了与物联网研究相关的跨学科领域 [24]。

表 10.1　与物联网研究相关的跨学科领域

作　者	年份	物联网研究相关领域
F. Ahamed, F. Farid	2018	数据采集、决策支持系统、疾病、电子健康记录、医疗保健、物联网、监控（人工智能）、患者治疗
A. Kumar, T. J. Lim	2019	防火墙、物联网、入侵性软件、监控（人工智能）
R.R.Reddy, C. Mamatha, R.G.Reddy	2018	数据处理、决策制定、智能传感器、互联网、物联网、监控（人工智能）
A.O.Aseeri, Y. Zhuang, M.S.Alkatheiri	2018	加密技术、物联网、监控（人工智能）、神经网络
J. Zhu, Y. Song, D. Jiang, H. Song	2018	认知无线电、物联网、监控（人工智能）、调度
K. Gurulakshmi, A. Nesarani	2018	计算机网络安全、物联网、监控（人工智能）、网络服务器、支持向量机
T. Park, W. Saad	2019	物联网、监控（人工智能）、资源分配
W. Kang, D. Kim	2018	数据压缩、推理机制、互联网、物联网、监控（人工智能）、服务质量
E. Anthi, L. Williams, P. Burnap	2018	计算机网络安全、数据隐私、物联网、入侵性软件、监控（人工智能）
V.M.Suresh, R. Sidhu, P. Karkare, A. Patil, Z. Lei, A. Basu	2018	物联网、监控（人工智能）、低功耗电子、广域网
R.N.Anderson[25]	2017	监控（人工智能）、天然气技术、神经网络、石油技术、石油、石油工业支持向量机
J. Hribar, L. DaSilva[26]	2019	物联网、远程通信电源管理
A. Ara, A. Ara[27]	2017	监控（人工智能）、医疗信息系统、患者监护
J. Siryani, B. Tanju, T.J.Eveleigh[28]	2017	贝叶斯方法、信念网络、决策支持系统、决策树、物联网、监控（人工智能）、模式分类、电力工程计算、电表、智能电表、统计分析
J. Yu, S. Kwon, H. Kang, S. Kim, J. Bae, C. Pyo[29]	2018	数据分析、信息检索、物联网、元数据、语义网

作　者	年份	物联网研究相关领域
Y. Chen, Z. Wang, A. Patil, A. Basu [30]	2019	CMOS 集成电路、复制保护、电流镜、物联网、监控（人工智能）、逻辑设计、矩阵代数、乘法电路
F. Samie, L. Bauer, J. Henkel [31]	2019	云计算、物联网、监控（人工智能）
Y. Sharaf-Dabbagh, W. Saad [32]	2017	网络物理系统、数据隐私、物联网、监控（人工智能）、消息认证
A.C.Onal, O. Berat Sezer, M. Ozbayoglu, E. Dogdu [33]	2018	大数据、物联网、监控（人工智能）、协议
J. Tang, D. Sun, S. Liu, J. Gaudiot [34]	2017	物联网、监控（人工智能）
E.V.Polyakov, M.S.Mazhanov, A.Y.Rolich [35]	2018	云计算、人机交互、物联网、监控（人工智能）、社交网络
A. Roukounaki, S. Efremidis, J. Soldatos [36]	2019	计算机网络安全、物联网、监控（人工智能）
F. Ganz, D. Puschmann, P. Barnaghi, F. Carrez [37]	2015	数据挖掘、物联网、监控（人工智能）、语义网
A. Skjellum [38]	2016	计算机网络安全、物联网、互联网互联、监控（人工智能）、神经网络、无线电网络
M. Mamdouh, M.A.I.Elrukhsi, A. Khattab [39]	2018	物联网、监控（人工智能）、数据安全、无线传感器网络

　　随着各种物联网设备的出现，基于云的信息处理未能满足所有物联网应用的需求。

　　云计算的有限计算能力和通信限制产生了对边缘计算的需求，即在网络边缘处理物联网数据，并将连接的设备转变为具有智能的设备。机器学习作为数据预测分析的核心方法，也应当扩展至云到端设备的连续体中。本章综述了机器学习在物联网领域的应用，包括从云端到嵌入式设备的完整生态，探讨了机器学习在应用数据处理和管理任务中的多样化应用，对物联网中机器学习的前沿应用根据其应用领域、输入数据类型、使用的机器学习技术和它们在云到端设备连续体中的位置进行了分类，讨论了在物联网边缘实现高效机器学习所面临的挑战和研究趋势。

10.6 结论

在当今世界，企业所依赖的商业信息质量不仅关系企业盈亏，更关乎企业存亡。任何组织都不能忽视商业智能的优势。最新研究显示，不久的将来，数以百万计的人将使用各种商业智能可视化和分析工具，以促进业务增长。组织通过向不同类别的员工传播有价值的数据，利用现有信息资源，可从商业智能中获得更多益处。商业智能已经扩展了其应用范围，服务于小型、中型和大型企业。一系列分析工具已经进入市场，旨在进行数据分析并辅助人员做出明智的决策。商业环境的快速演变将增加对商业智能的需求。本章详细讨论了商业智能在组织中的重要性，以及机器学习相关的新方法如何显著提升公司的商业影响力。

本章原书参考资料

1. Bochner, P. and Vaughan, J., BI today: One version of the truth. *Application Development Trends*, 11, 9, 18–24, 2004.

2. Mamata, R. and Pati, B. Appraisal of Soft Computing Methods in Collaboration With Smart City Applications and Wireless Network. Sensor Technology: Concepts, Methodologies, Tools, and Applications. IGI Global, 1273-1285, 2020.

3. Bulbul, H. I. and Unsal, Ö., Comparison of Classification Techniques used in Machine Learning as Applied on Vocational Guidance Data. *2011 10th International Conference on Machine Learning and Applications and Workshops*, Honolulu, HI, pp. 298–301, 2011.

4. Zhao, Li, Li, F., Statistical Machine Learning in Natural Language Understanding: Object Constraint Language Translator for Business Process. *2008 IEEE International Symposium on Knowledge Acquisition and Modeling Workshop*, Wuhan, pp. 1056–1059, 2008.

5. Hoffman, T., 9 Hottest Skills for '09. *Computer World*, 1, 26–27, 2009.

6. Sharma, R. and Srinath, P., Business Intelligence using Machine Learning and Data Mining techniques—An analysis. *2018 Second International Conference on Electronics, Communication and Aerospace Technology (ICECA)*, Coimbatore, pp. 1473–1478, 2018.

7. Liautaud, B. and Hammond, M., *e-Business Intelligence turning information into knowledge into profit*, McGraw Hill, New York, 2000.

8. Kobayashi, M. and Terano, T., Learning agents in a business simulator. *Proceedings 2003 IEEE International Symposium on Computational Intelligence in Robotics and Automation. Computational Intelligence in Robotics and Automation for the New Millennium (Cat. No. 03EX694)*, Kobe, Japan, vol. 3, pp. 1323–1327, 2003.

9. Michalewicz, Z., Schmidt, M., Michalewicz, M., Chiriac, C., *Adaptive Business Intelligence*, Springer-Verlag, Berlin, Heidelberg, 2007.

10. Clark, T. D., Jones, M. C., Armstrong, C. P., The Dynamic Structure of Management Support Systems: Theory Development, Research, Focus, and Direction. *MIS Q.*, 31, 3, 579–615, 2007.

11. Cui, Z., Damiani, E., Leida, M., Benefits of Ontologies in Real-Time Data Access. *Digital EcoSystems and Technologies Conference, 2007. DEST '07. Inaugural IEEE-IES*, pp. 392–397, 21–23, 2007.

12. Schneider, D., Machine learning predicts home prices. *IEEE Spectr.*, 56, 1, 42–43, 2019.

13. Valter, P., Lindgren, P., Prasad, R., The consequences of artificial intelligence and deep learning in a world of persuasive business models. *IEEE Aerosp. Electron. Syst. Mag.*, 33, 5–6, 80–88, 2018.

14. Eckerson, W. W., Research Q&A: Performance Management Strategies. *Bus. Intell. J.*, 14, 1, 24–27, 2009.

15. Ahamed, F. and Farid, F., Applying Internet of Things and MachineSupervision for Personalized Healthcare: Issues and Challenges. *2018 International Conference on Machine Supervision and Data Engineering (iCMLDE)*, pp. 19–21, 2018.

16. Kumar, A. and Lim, T. J., EDIMA: Early Detection of IoT Malware Network Activity Using Machine Supervision Techniques. *2019 IEEE 5th World Forum on Internet of Things (WF-IoT)*, pp. 289–294, 2019.

17. Reddy, R., Mamatha, C., Reddy, R. G., A Review on Machine Supervision Trends, Application and Challenges in Internet of Things. *2018 International Conference on Advances in Computing, Communications and Informatics (ICACCI)*, pp. 2389–2397, 2018.

18. Aseeri, A. O., Zhuang, Y., Alkatheiri, M. S., A Machine Supervision-Based Security

Vulnerability Study on XOR PUFs for Resource-Constraint Internet of Things. *2018 IEEE International Congress on Internet of Things* (*ICIOT*), pp. 49–56, 2018.

19. Zhu, J., Song, Y., Jiang, D., Song, H., A New Deep-Q-Supervision-Based Transmission Scheduling Mechanism for the Cognitive Internet of Things. *IEEE Internet Things J.*, 5, 4, 2375–2385, 2327–4662, 2372–2541, 2018.

20. Gurulakshmi, K. and Nesarani, A., Analysis of IoT Bots Against DDOS Attack Using Machine Supervision Algorithm. *2018 2nd International Conference on Trends in Electronics and Informatics* (*ICOEI*), pp. 1052–1057, 2018.

21. Park, T. and Saad, W., Distributed Supervision for Low Latency Machine Type Communication in a Massive Internet of Things. *IEEE Internet Things J.*, 6, 3, 5562–5576, 2327–4662, 2372–2541, 2019.

22. Kang, W. and Kim, D., Poster Abstract: DeepRT: A Predictable Deep Supervision Inference Framework for IoT Devices. *2018 IEEE/ACM Third International Conference on Internet-of-Things Design and Implementation* (*IoTDI*), pp. 279–280, 2018.

23. Anthi, E., Williams, L., Burnap, P., Pulse: An adaptive intrusion detection for the Internet of Things. *Living in the Internet of Things: Cybersecurity of the IoT—2018*, pp. 1–4, 2018.

24. Suresh, V. M., Sidhu, R., Karkare, P., Patil, A., Lei, Z., Basu, A., Powering the IoT through embedded machine supervision and LoRa. *2018 IEEE 4th World Forum on Internet of Things* (*WF-IoT*), pp. 349–354, 2018.

25. Anderson, R. N., Petroleum Analytics Supervision Machine' for optimizing the Internet of Things of today's digital oil field-to-refinery petroleum system. *2017 IEEE International Conference on Big Data* (*Big Data*), pp. 4542–4545, 2017.

26. Hribar, J. and DaSilva, L., Utilising Correlated Information to Improve the Sustainability of Internet of Things Devices. *2019 IEEE 5th World Forum on Internet of Things* (*WF-IoT*), pp. 805–808, 2019.

27. Ara, A. and Ara, A., Case study: Integrating IoT, streaming analytics and machine supervision to improve intelligent diabetes management system. *2017 International Conference on Energy, Communication, Data Analytics and Soft Computing* (*ICECDS*), pp. 3179–3182, 2017.

28. Siryani, J., Tanju, B., Eveleigh, T. J., A Machine Supervision Decision-Support System Improves the Internet of Things' Smart Meter Operations. *IEEE Internet Things J.*, 4, 4, 1056–1066, 2327–4662, 2372–2541, 2017.

29. Yu, J., Kwon, S., Kang, H., Kim, S., Bae, J., Pyo, C., A Framework on Semantic Thing Retrieval Method in IoT and IoE Environment. *2018 International Conference on Platform*

Technology and Service (*PlatCon*), pp. 1–6, 2018.

30. Chen, Y., Wang, Z., Patil, A., Basu, A., A Current Mirror Cross Bar Based 2.86-TOPS/W Machine Learner and PUF with <2.5% BER in 65nm CMOS for IoT Application. *2019 IEEE International Symposium on Circuits and Systems* (*ISCAS*), pp. 1–4, 2158–1525, 2019.

31. Samie, F., Bauer, L., Henkel, J., From Cloud Down to Things: An Overview of Machine Supervision in Internet of Things. *IEEE Internet Things J.*, 6, 3, 4921–4934, 2327–4662, 2372–2541, 2019.

32. Sharaf-Dabbagh, Y. and Saad, W., Demo Abstract: Cyber-Physical Fingerprinting for Internet of Things Authentication. *2017 IEEE/ACM Second International Conference on Internet-of-Things Design and Implementation* (*IoTDI*), pp. 301–302, 2017.

33. Onal, A. C., Berat Sezer, O., Ozbayoglu, M., Dogdu, E., MIS-IoT: Modular Intelligent Server Based Internet of Things Framework with Big Data and Machine Supervision. *2018 IEEE International Conference on Big Data* (*Big Data*), pp. 2270–2279, 2018.

34. Tang, J., Sun, D., Liu, S., Gaudiot, J., Enabling Deep Supervision on IoT Devices. *Computer*, 50, 10, 92–96, 0018–9162, 1558–0814, 2017.

35. Polyakov, E. V., Mazhanov, M. S., Rolich, A. Y., Voskov, L. S., Kachalova, M. V., Polyakov, S. V., Investigation and development of the intelligent voice assistant for the Internet of Things using machine supervision. *2018 Moscow Workshop on Electronic and Networking Technologies* (*MWENT*), pp. 1–5, 2018.

36. Roukounaki, A., Efremidis, S., Soldatos, J., Neises, J., Walloschke, T., Kefalakis, N., Scalable and Configurable End-to-End Collection and Analysis of IoT Security Data: Towards End-to-End Security in IoT Systems. *2019 Global IoT Summit* (*GIoTS*), pp. 1–6, 2019.

37. Ganz, F., Puschmann, D., Barnaghi, P., Carrez, F., A Practical Evaluation of Information Processing and Abstraction Techniques for the Internet of Things. *IEEE Internet Things J.*, 2, 4, 340–354, 2327–4662, 2372–2541, 2015.

38. Canedo, J. and Skjellum, A., Using machine supervision to secure IoT systems. *2016 14th Annual Conference on Privacy, Security and Trust* (*PST*), pp. 219–222, 2016.

39. Mamdouh, M., Elrukhsi, M. A. I., Khattab, A., Securing the Internet of Things and Wireless Sensor Networks via Machine Supervision: A Survey. *2018 International Conference on Computer and Applications* (*ICCA*), pp. 215–218, 2018.

第 11 章
当前物联网的发展趋势与前景

伊拉姆·阿布拉尔*、扎拉·阿尤布和法希姆·马苏迪

摘要：物联网是一项正在兴起的技术，其正在影响现代生活的各方面。其核心理念是提供一个通用平台，不受底层技术的限制，以便整合来自不同设备的多种数据。此类数据经过处理和分析后，用于提高自动化水平，进而提升系统的效率。物联网在促进资源集中和提高决策质量方面发挥着关键作用，同时，通过将任务分配给多个资源，其还帮助我们节省了大量时间。物联网的主要目标是为用户提供更好的服务，从而提高其生活质量。将物联网与其他新兴技术如人工智能、区块链和云计算相结合，可以开发出更加稳健、智能、安全和功能强大的系统。实践证明，物联网的应用已经在许多领域产生了巨大的影响。本章将简要介绍物联网及其在医疗保健、智能家居、农业、机器人技术和工业等领域的应用。

关键词：物联网、传感器、RFID、安防、机器人

11.1 引言

技术的进步带来了使用机器的新方法。其中之一就是物联网[1]，它指的是将设备连接到互联网。其能够感知、累积数据[2]，并在无须人工干预的情况下传输数据，这显著减少了人为错误，并使人们可以随时随地访问信息。物联网之所以能感知环境，归功于内置的传感器和执行器[3]，它们使物联网能够发出、接收并处理信号。传感器接收来自环境的模拟信号，然后将其转换为数字流，再根据具体需求进行处理。传感器和执行器的集成构成了物联

* 克什米尔大学计算机科学系，邮箱：iram.abrar12@gmail.com。

网的基础，是构建智能环境的关键。需要进一步处理的数据将会被发送至云端系统或实体数据中心。此类经过处理的海量数据极具价值，可以用来简化我们的生活和提升安全性。此外，连接到网络的设备间的通信得到加强，从而节省了时间。

物联网能够连接多种设备，并使它们通过相互通信来共享信息。其还允许基于不同硬件平台和网络的异构设备相互交互。物联网本质上是动态的，能够根据当前状况改变状态，并实时做出反应。由于物联网中连接的设备众多，它们产生了大量的数据。因此，物联网必须能够有效管理此类庞大的数据，以确保正常运行。尽管物联网的使用带来了许多优势，但确保数据安全至关重要。鉴于物联网中的数据易受网络攻击，必须采取特定措施保护数据。这包括保护网络、端点及网络上的数据。

由于安全性是物联网[4]的关键因素，物联网必须具备以下特性。

- 保密性：由于传感器节点收集的数据存储在网络中，至关重要的是要保证此类数据不被任何未授权的实体访问[5]，以确保数据的保密性。

- 完整性：确保数据在传输过程中未遭到篡改，以便进行准确决策[6]。

- 认证：确保数据来自可信来源而非未授权实体。同时，参与通信的实体应通过数字签名进行认证。

- 可用性和容错性：应持续向授权用户提供服务，系统应能自行处理故障，保证功能不受影响。

- 数据新鲜度：传感器节点应根据实时监控情况发送最新数据，防止消息重放。

- 不可抵赖性：参与数据传输的传感器节点无法否认其参与行为。

- 授权：只有授权节点才能在网络中传输或接收数据，保护用户数据的机密性[7]。

- 自修复：在发生节点故障时，系统应足够稳健以自行处理情况，保证整体功能。

物联网的快速发展已经影响了众多科学和工程领域。物联网为现有工业系统的改革提供了多种解决方案，如交通和制造系统。例如，其可以用于创建交通管理的智能系统、处理废物能源厂的副产品，以及为矿业灾害管理设置预警信号。在工业中，许多设备通过物联网连接，并通过软件同步，实现机器对机器的操作，以最大限度减少人工干预。物联网还改进了包括集成电路、电子元件、设备、软件、集成系统和电信运营商在内的工业体系。工业4.0 和工业物联网技术在多个领域，特别是在工业自动化和制造系统中，提供了众多软件解决方案。此外，物联网有多种应用，可归类为医疗保健、农业、工业自动化、智慧城市和机器人技术[8]。本章详细讨论了其中某些物联网应用。预计未来物联网将使用不同的技术连接物理对象，为有效的决策制定提供支持[9]。

11.2　物联网在医疗保健领域的应用

物联网技术与医疗系统的融合，为实时监控患者健康状况提供了一种创新解决方案。这种结合传感器技术的系统不仅能够持续监测患者的生理参数，还能基于收集的数据提供科学的治疗建议。例如，Body Media 公司开发的可穿戴监测设备以其高精度和可靠性在市场中获得了认可。2008 年，Google 推出了一个个性化医疗系统，允许用户上传并共享他们的健康记录。尽管该项目在 2011 年终止，但该系统为 Google 用户提供了一个平台，允许他们共享自己的健康档案。用户提交的信息将经过分析，并据此向他们通报其健康状况。

智能医疗系统还包括智能设备和智能护理管理系统等特定需求。例如，智能手机可以作为物联网的驱动工具。市面上有多种医疗应用程序专为智能手机设计，其能够提供患者健康状况的相关信息。智能手机能够通过各种硬件和软件应用程序，有效监测心率、血液中的氧气含量及压力水平等多项指标。例如，三星 Note 8 智能手机配备了内置硬件，能够让用户测量心率、血氧饱和度和压力水平。同时，"三星健康"应用程序能够追踪用户的步数、身体活动量及消耗的卡路里。该系统能够提供对用户整体健康状况的反馈。智能手机不仅能够实现实时监控，还具有成本效益。这种智能医疗系统可以应用于家庭、社区乃至全球范围内，满足不同需求。

在医疗保健领域，个性化监测至关重要。物联网系统可以结合自我意识和大数据的概念，实现个性化监测[10]。大数据的运用有助于获取情况信息，从而及时通知患者。这种自我意识可以用于根据情况调整系统行为，以改善其性能。在个性化监测中，可以根据患者的需求，对不同的监测参数进行优先级排序[11]。比如，对于心脏病患者来说，持续监测心率至关重要。物联网在医疗系统中的应用包括但不限于以下几点。

糖尿病是一种代谢性疾病，其特点是高血糖水平，可能导致严重的健康问题甚至死亡。医疗提供者的主要目标是控制血糖水平，因为血糖水平可能会迅速波动。持续监测血糖水平对于及时调整药物剂量或频率至关重要。基于物联网的医疗系统包括血糖监测器（用于监测糖尿病患者的血糖水平）、手机或计算机/处理器等设备，用于存储和处理信息，以便做出实时决策。这种系统通过IPv6协议连接患者和医疗系统，提高了医疗服务的质量[12]。

通过心电图测量心脏的电活动可以记录心率和心律。其用于诊断诸如心律失常、心肌缺血等心脏问题[13]。基于物联网的心电图系统能够实时提供患者心脏状况的详细信息。近期，研究者针对该领域已开展多项研究[14-17]。实时监测心率时，可以使用包含无线发射器和接收处理器的物联网心电图系统[18]。该系统监测患者心率，以便发现异常心率，并向患者提供可能的救命建议。因此，其可以作为医疗提供者快速诊断的工具。

对于血压变化的患者，基于物联网的血压监测系统具有巨大潜力，并且能够实时使用。例如，一个由通信模块、健康站点和健康中心组成的物联网血压设备，可以用来监测患者的血压。

脉搏血氧仪用于监测血氧水平。基于物联网的脉搏血氧仪可以辅助医疗健康应用，目前有多款此类设备正在开发中。此类设备通过物联网网络监测患者的健康状况。例如，一种名为手腕OX2的脉搏血氧仪，使用蓝牙技术实现设备与患者之间的连接[19]。

对于患有哮喘、结核和肺癌等病症的人，监测他们的呼吸模式至关重要。为此，可以使用特定的基于物联网的传感器。热敏电阻器是利用温度变化来分析具有呼吸问题的患者呼吸模式的应用案例之一[20]。另一种设备是拉伸传感器，其基于张力原理来测量呼吸频率 [21]。

心脏病发作、脑出血、中风等医疗紧急情况可能突然发生，特别是在老年人中。因此，及时检测此类情况至关重要，以便提供必要的医疗援助。为此，可以使用物联网设备，利用传感器技术监测老年人，以探测此类紧急情况发生的可能性。此外，一旦发生这种情况，收集的数据可以通过传感器传输给医疗专家，以获得专业建议。

此类设备还可以使用无线传感器网络等其他技术来监测健康。

在康复系统中，物联网可以发挥重要作用，它们能够改善身体残疾人士或特殊需求人士的健康状况。基于物联网的康复系统在与特殊需求患者进行实时互动方面具有巨大潜力，并且可以帮助解决与老龄化相关的问题。它们还可以辅助患有抑郁症和其他心理健康问题的人的治疗。物联网的一些应用还包括监狱的综合应用系统 [22]、康复中心中用于训练偏瘫患者的系统 [23]，以及为自闭症儿童设计的语言训练系统 [24]。利用物联网技术，有人已经开发了为特殊需求人群设计的全自动化轮椅 [25]。此类轮椅集成了多种传感器，以满足患者的需求。例如，英特尔的物联网部门开发了一款智能轮椅，其能够监测坐在轮椅上的人，并收集周围环境的信息。另一个例子是智能物联网轮椅，其利用点对点（P2P）技术来控制轮椅的振动并检测用户的位置。

物联网可以为帕金森病 [26-27] 提供解决方案，这是一种神经退行性疾病，患者往往会忘记事情（尤其在老年人中很常见）。患有此病的人可以使用物联网设备来提醒自己预约的事项。这种疾病的一个常见症状是步态冻结，这会导致暂时性记忆丧失。建议的方法之一是使用基于物联网的传感器监测步态，然后利用异常检测机制提取特征，此类特征可以用来提醒患者重要事件。营养不良指的是营养不足或饮食不当。这是一个需要解决的普遍问题。最新研究显示，老年人中营养不良的比例较高，这可能导致诸如心血管疾病和骨质疏松症等许多疾病。这个问题可以通过营养监测系统来解决，该系统用于检查个人的营养需求是否得到满足。有人已经提出了一些基于物联网的营养监测系统，用于监测老年人的健康状况。例如，ChefMyself 使用基于云的连接来监测老年人的营养需求 [28]。同样，DIET4Elders 也是一种有效的设备，其采用三层系统为老年人提供日常生活服务[29]。在这个系统中，首先捕捉数据，然后进行分析以获取信息，最终由医疗专家提供建议。此外，Ebutton 是一种基于物联网的可穿戴设备，其利用安装在用户胸部的视觉传感器来监测饮食[30-31]。除此之外，还有许多其他设备，如药物提醒器和物品定位指示器，也用于为老年人提供服务。

上面从不同角度探索了物联网在医疗保健领域的多种应用。利用这项技术，可以定期分析患者的健康状况。物联网为医疗保健中存在的许多问题提供了有效的解决方案，因为它们可以实时监测和护理患者，从而更好地诊断各种疾病。

11.3 物联网在农业领域的应用

随着世界人口不断增长，可耕地迅速减少，因此，在现代社会中，农业生产力变得极其重要。农业在生产高质量及具有成本效益的作物方面所面临的问题和挑战，可在一定程度上通过物联网解决。可在农场的多个位置安装传感器，以便定期及时分析温度、湿度、土壤和水分含量等参数。例如，基于无线传感器网络（WSN）的物联网用于监测土壤质量和其中的水分含量。气候传感器、地面传感器、辐射传感器、气象站等其他传感器也被用于农业系统。监测环境条件对于提前预警洪水和干旱至关重要。传感器收集的信息由中心节点提取，并通过网络传输到云端存储。此类信息可供众多用户访问，他们可根据此类信息做出适当决策。用户可使用手机和计算机等电子设备登录云存储，提取传感器收集的数据。使用此类系统的优势在于，由于可以最大限度减少农场活动中的人工交互，可显著提高生产力。此外，由于不需要人工干预，工作可顺利进行，没有任何麻烦。因此，使用物联网可节省时间，因为不再需要人员亲自检查农场。另外，一些病虫害控制、灌溉等方面的局限性也可以得到有效管理。因此，物联网在农业中可发挥关键作用，通过分析植物的生长模式和营养需求，提高作物生产力。此外，还可利用人工智能、机器人技术、数据挖掘等控制作物生产力所依赖的环境条件。物联网在农业中的应用包括但不限于以下几点。

　　土壤在农业中扮演着重要角色，因为植物通过土壤获取所有必需的养分。利用传感器，可以监测土壤质量，并据此采取特定措施以避免其退化。基于物联网的设备可以用于监测土壤的质地、酸化程度、保水能力、营养水平等。例如，AgroCares 公司开发了一个"便携式实验室"，人员无须实验室经验即可测试大量的土壤样本。远程传感器也可以用来获取土壤中的水分含量信息。为此，土壤水分和海洋盐度（SMOS）卫星被发射，用来获取土壤缺水指数。此外，还可以利用基于图像的光谱仪传感器等其他设备来分析土壤的质量[32]。地球上仅有 3% 的水是淡水，其中只有 0.5% 的淡水存在于地表。在农业中，大约 70% 的可用水资源被用于灌溉。鉴于这些事实，节约用水和提高用水效率至关重要。应将农业中的传统灌溉方法替换为基于物联网的技术，以减少水资源的浪费，因为水是地球上生命赖以生存的宝贵资源。例如，可以通过计算水分胁迫指数来减少灌溉过程中的水资源浪费。该指数基于不同时间间隔内的空气温度和作物冠层来计算。可以在田间安装多个传感器来测定此类参数。然后，此类收集的数据被传输到处理中心，在那里使用软件进行分析。除了传感器，气象数据和卫星图像信息也可以用来计算这个指数值[33-34]。此外，物联网还可以用于确定灌溉的持续时间和时机，并自动化灌溉过程，这不仅减少了人工干预，还有助于节约资源和改善植物的生长情况。

　　肥料的使用可以为作物提供必要的养分，从而提高作物生产力。合理使用肥料量非常关键，因为使用不足可能导致作物养分不足，而过量使用则可能降低土壤质量。基于物联网的技术可以帮助计算归一化植被指数（NDVI），从而分析作物的营养需求，并据此提供适量的肥料。此外，还可以利用全球定位系统（GPS）[35]、地理映射[36]、变速技术[37-38]和自动驾驶车辆[39]等技术实现智能施肥。除此之外，物联网还可以增强施肥和化学灌溉等重要的农业实践[40]。

　　此外，基于图像传感器的物联网可用于通过摄像头监控作物生长，提供安全保障。此类系统使用了各种图像处理算法。还可以使用最佳传感器来提供关于作物反射或温度感应的信息[41-43]。环境和农业对畜牧业同样至关重要。

物联网可以通过监测动物、气候条件和饲养模式来优化畜牧业。为此，可用无线传感器网络来追踪动物的行为。

保护作物免受害虫和啮齿动物的侵害以避免经济损失显得至关重要。为避免损失，必须使用杀虫剂。虽然使用农药对种植者有益，但其可能对人类和环境造成严重危害。可以使用基于物联网的设备，如无人机和无线传感器来识别害虫，以减少作物损失。还可使用基于物联网的陷阱捕获昆虫。此外，遥感图像可以用于有效地识别害虫及其活动轨迹，从而使种植者及时采取预防措施，减少潜在损害。

在作物收获前，监测其产量对于估计生产力和帮助种植者做出更好的决策至关重要。作物的监测涉及它们的颜色、形状和大小，通过分析此类特性，可以预测最佳收获时间。为此，可以利用物联网技术。传感器技术可以用于监测作物并收集相关信息。此类传感器可连接到手机的应用程序上，如 FarmRTX，以预测作物的最佳收获时间。此外，可以在农场中安装光学传感器，用以监测夏季水果和蔬菜是否有缩水现象。同样，可以通过深度成像和卫星图像等技术，分析作物成熟度的各种标志，以确定最佳收获时机。

食品供应链（FSC）的追踪至关重要，因为其涉及确保食品质量的重要决策[44]。这促使生产者和消费者对 FSC 可追溯系统产生了浓厚兴趣。物联网有潜力为 FSC 的维护提供更优的解决方案。例如，基于物联网的 RFID 技术在 FSC 中很常见，为供应链管理提供了优化方案。RFID 技术中的标签实际上是传感器，可以用来追踪农产品。基于人工智能的物联网系统可以用来整理 FSC 信息，以实现利润最大化。

随着现代技术的发展，出现了包括温室栽培和水培在内的新型农业形式。温室栽培在提高作物产量方面发挥了重要作用。其是最成功的栽培方法之一，因为温室内的作物不受外部环境条件的影响。由于作物生长需要适宜的环境条件，因此监测此类条件变得十分必要。可以采用基于物联网的云系统来监测温室内的环境状况。传感器用于收集周围环境信息，然后此类信息被传输到云端进行分析。根据信息分析结果，可以做出恰当的决策。例如，有人已经提出了一个基于物联网的模型，使用 MicaZ 节点分析温室内的温度、湿度等条件 [45]。此外，为了制订温室内作物的精确灌溉计划，有人开发了名为"温室在线精确灌溉调度"（OpIRIS）的应用 [46]。传感器收集的信息被发送到云中心，用于准确预测作物的水分需求，从而提高其生产力。此外，物联网和 RFID 技术的结合也可用于自动化灌溉过程 [47]。物联网还可以用于温室内的害虫控制。特别是，环境中的二氧化碳等需要控制的参数，可以通过物联网传感器来维持，以确保植物的适当生长。基于物联网的传感器可以用来控制温室中的环境条件。例如，非分散红外二氧化碳传感器用于测量此类农场内部的二氧化碳水平。特别为此环境开发的基于物联网的 Gascard 盒子，采用伪双光束 NDIR 测量系统，以提高作物的稳定性。此外，传感器也可用于此类农场内的废物管理。水培是一种不使用土壤的植物栽培技术。在这种技术中，通过水提供植物所需的所有基本养分。养分溶解在水中，植物被置于这种营养液中，确保植物不会缺乏任何养分。在这种系统中，维持溶液中养分的量非常重要，物联网在这方面可以发挥明显的作用。物联网中的传感器模块可以测量溶液中的水分和养分水平。这种系统不仅可以有效解决作物栽培问题，还能减少对土地的依赖。

物联网不仅可以直接用于农业，还可以用于培育更优质的植物品种，最大限度提高其生产力并确保其具有抗病虫害能力。随着分子和遗传工具的发展，表型组学应运而生。其基于作物工程，将植物基因组与生态生理学和农学联系起来。表型组学用于分析影响植物生长、产量和质量的特征 [48]。物联网技术可以与表型组学结合，为农民提供更好的解决方案。例如，CropQuant 是一种结合了物联网和表型组学的技术，用于分析作物特征 [49]。其应用于数字农业和作物育种。传感器用于监测作物特征，收集的信息通过算法和机器学习技术进行分析，以建立作物与其环境之间的关系。据此，可以为作物提供更适宜的生长环境。

利用物联网，可以采用智能农业实践，提高作物生产力，满足日益增长的食品需求。物联网在提高农业实践的质量和数量、灌溉、害虫控制等方面发挥了革命性作用。此外，其还实现了作物的实时监测，以便根据实时数据采取适当措施，从而提高作物产量。

11.4　物联网在工业领域的应用

在工业领域，众多设备通过物联网技术连接并由软件同步控制，实现了机器间的操作，减少了人工干预，从而提升了自动化水平。物联网为现有工业系统的改革，如运输和制造系统，提供了多种解决方案。物联网的传感器技术使工厂中的设备和机器能够实时相互通信，这有助于整个系统性能的提升。目前市场上有多种基于物联网的工业平台，如 Predix、MindSphere [50] 及 Sentience 等云平台，它们被用于提高工业自动化水平，优化工业流程。例如，在汽车行业，物联网可被用于构建智能交通系统，使交通管理部门能够实时追踪每辆车的位置，监控其行驶状态，以及可能的道路交通情况。物联网还改善了包括芯片、电子元件、设备、软件、集成系统和电信运营商在内的工业系统。此外，物联网技术通过监测矿难并及时发出预警信号，减少了矿区事故的发生。工业 4.0 [51] 和工业物联网技术在多个领域，特别是在工业自动化和制造系统方面，提供了多种软件解决方案。例如，它们可以应用于废物能源厂，用于处理废弃物。物联网在工业中的应用包括但不限于以下几点。

在航空工业中，确保飞机制造或维修时仅采用符合特定要求的批准部件至关重要，这样才能确保系统的安全性。这是一个耗时且容易出错的过程，因为每个部件都需要经过严格的检查。物联网可以提供更好的解决方案。例如，电子家谱可以用于存储飞机部件的重要信息，此类信息存储在与特定飞机部件关联的 RFID 标签上。根据家谱的值，可以验证飞机部件的真实性，从而确保系统的安全性 [52]。

同样，在智能车辆领域，通过安装先进的传感器，提高了处理能力。此类传感器能够监测轮胎压力和车辆造成的污染水平，从而为客户提供更好的服务。基于物联网的 RFID 技术可以用于实时监控车辆状态，确保车辆得到适当的维护。此外，借助物联网中的传感器，可实现车对车通信，从而构建智能交通系统。

物联网技术可以增强运输行业的安全性，如用于票务和收费系统、乘客筛查及监控进出国家的货物。在机场、铁路等交通节点，可以安装基于物联网的系统来跟踪乘客的行李，并检查行李是否超重，以便据此向乘客收费。此外，利用无线传感器技术，可以构建智能交通系统，以避免不必要的交通拥堵。

在制药行业[53-54]，物联网的使用，比如智能标签，可以带来前所未有的好处。此类标签可以与药品关联，用于在供应链中追踪药品，防止药物滥用。某些药品需要在特定环境中储存。例如，大多数注射剂需要冷藏；物联网传感器技术可以确保此类条件得到满足，一旦条件遭到破坏，药物将不再适用，应及时处理。物联网技术还可以用于构建智能药品柜，用于储存药品。此类药品柜不仅可以储存药品，还可以提醒患者何时服药、药物剂量及有效期。统计数据显示，药店缺药导致约 3.9% 的销售额损失。因此，零售商和药剂师可以利用配备 RFID 技术的物联网货架，形成一个更易于管理的系统，及时了解特定药品的短缺情况，避免财务损失。

自然资源稀缺且生产成本高昂，物联网和无线技术可以提供有效解决方案，促进资源的再利用。RFID 设备可用于识别手机、计算机和电池中可重复使用的电子部件，减少电子废物。随着技术的进步，公司能够更高效地识别此类可重复使用的组件，并利用此类组件开发新设备，实现更好的资源管理。

在传统的工业系统中，设备和机器等资源的管理较为困难，但随着工业物联网的发展，资源管理变得更加精细和有序，从而能够提供更优质的服务。工业物联网通过整合人工智能、云计算和大数据等现有技术，已经实现了革命性的变革。

11.5　基于物联网的智慧城市

物联网技术可以帮助构建智能家居，此类家居拥有智能家电、智能照明控制和火灾探测系统。智能设备中的传感器能够感应数据，并将此类数据传输到中央控制器，用户可以通过它来远程控制家中的设备。智能家居的概念可以扩展到智能社区的构建[55]。在智能社区中，各个智能家居通过一个局部区域网相互连接。智能社区带来许多好处，如可以在社区内安装公共摄像头，以便在发生特定不良事件时向警方报告。此外，智能社区还可以用于有效管理资源、处理医疗问题、控制污染等。多个智能社区的联合可以进一步形成智慧市。智慧城市利用物联网和信息通信技术（ICT），能够智能响应日常生活、公共安全和商业活动等多种需求。智慧城市的主要目标是通过优化资源使用来提升社会和居民的生活质量，同时减少能源消耗。这项技术的应用增强了系统的效能，为用户提供了更高质量的服务。此外，随着人工智能等技术的发展，智慧城市变得更加智能化。物联网可被用于将住宅、办公室、工厂和城镇转变为自动化和自我控制的系统，此类系统通常无须人工干预即可运行。以下为基于物联网的智慧城市应用实例[56]。

配备传感器的水资源管理系统可以确保维持适当的优质水资源供应，并及时解决如泄漏等问题。此外，雨水收集和利用对于在干旱或无降雨期间解决水资源短缺至关重要。可以在储水罐中保存雨水，并使用超声波传感器监测水位。在不利情况下，基于物联网的设备可以用于灌溉管理，同时节约水资源。可使用基于超声波的测距传感器收集地下水位信息，预测洪水风险，并及时发出警报，提醒人们采取预防措施[57]。

在智慧城市中，通过使用智能家居，可以减少能源消耗，智能家居中部署了基于物联网的智能设备。例如，光感传感器可以根据光线强度调节室内照明亮度；暖气和空调系统仅在有人居住时运行，无人时自动关闭，以节约燃气/电力。

公共照明、交通、红绿灯、监控摄像头、建筑供暖和制冷等也消耗大量能源。基于物联网的传感器可以监测此类设备的能源使用情况。通过分析收集的此类设备的信息，可以设定优先级，实现能源的高效利用。据研究，采用智能照明控制系统可以节省约45%的能源[58]。路灯的亮度需要优化以节约能源，这可以通过调节灯光强度来实现[59]。例如，在白天，我们不需要路灯，而在夜间，为了确保视线清晰，需要有适当的照明，因此，夜间应提高灯光亮度。物联网设备中的传感器可以根据一天中的不同时间自动调节路灯的亮度。此外，此类传感器技术还可以用来检测路灯故障，有助于及时维修，避免给市民带来不便。

智能设备可以持续监控整个智慧城市，但监控的数据可能面临安全威胁。为了防止数据遭到非法访问并用于犯罪活动，必须建立一个安全的系统。基于物联网的监控系统可以检测异常事件，并在必要时触发警报，通知相关部门[60]。

使用基于物联网技术的设备来根据食物的可用性优化食物选择。在智慧城市中，可以使用连接到网络的智能餐厅的概念。顾客可以在智能设备上查看菜单并下单，智能设备还可以用于将食物送达顾客手中，从而节省时间和能源。

废物的管理和妥善处理对于维护健康环境至关重要。物联网可以在这一领域提供有效且经济的解决方案。例如，使用基于物联网的智能垃圾桶，能够检测垃圾量并指导垃圾收集车的行驶路线，从而提供优化的垃圾管理系统，降低成本[61]。此外，在倾倒垃圾时，结合软件，此类智能垃圾桶还可以用于垃圾的适当回收。智慧城市中的物联网设备可以监控环境污染，并采取措施加以控制[62]。可将收集的数据传达给居民，特别是那些患有与污染相关疾病的人，他们可以根据污染水平采取特定措施来改善健康状况。物联网还可以监测空气质量，可在不同城市部署传感器监测空气污染水平，并检测二氧化碳、一氧化碳等有害气体。此外，监控噪声水平也很重要，因为过高的噪声可能影响听力受损的患者。利用物联网，智能声音检测系统可以监控特定区域的噪声水平。

在智慧城市中，可利用基于物联网的传感器技术分析天气条件，如温度、湿度和降雨，以提前通知居民，使他们采取措施来减少损害并提高生存能力。

此外，使用基于物联网的技术可以在一定程度上避免交通拥堵。例如，通过在智能车辆上安装的全球定位系统，可以监控道路交通情况[63]。智能停车系统可以通过车辆交通信息追踪车辆的离开和到达时间，市民可以利用此类信息来预计到达时间。基于此类信息，还可以实现智能分配停车位，以便停车区域能够容纳尽可能多的车辆[64]。智能停车不仅能节省时间，还能减少拥堵。此外，残障人士可以利用 RFID 或近场通信等技术预订停车位，从而享受更优质的服务。

可以通过持续监测来实现历史遗迹的保护，以识别外部因素对它们的影响。基于物联网的设备可以用来分析此类建筑的状况，传感器可以检测压力水平、污染程度，以及酸雨等环境条件对建筑的影响[65]。所有收集的此类信息可以存储在数据库中，供市民访问，以便他们参与到保护工作中。使用此类设备减少了人力工作，因为不再需要进行结构测试。此外，基于物联网的传感器技术还可以用于减少桥梁坍塌引起的事故数量。为此，实时分析桥梁状况至关重要。集成了无线技术和水位传感器的系统可以用来监测桥梁状态。在地震等不利情况下，无线传感器可以向管理机构发送消息，以便采取特定的预防措施，避免事故发生。

智慧城市是一个新兴概念，通过连接多种异构设备来优化资源利用。与传统系统相比，由于自动化水平的提高，智慧城市为居民提供了更好的实时连接性。未来，智慧城市的概念可以扩展到乡村，用来创建智能社区，以提高生活质量并提供更好的服务。

11.6　物联网在机器人领域的应用

物联网与机器人技术的结合被称为机器人物联网（IRoT），智能设备在此系统中监控各种来源的事件。随后，这种智能技术可用来确定潜在的最佳行动方案，从而使机器人能够控制现实世界中的物体。在 IRoT 中，基于物联网的传感器技术和数据分析技术的结合，增强了机器人的感知能力。因此，机器人能够根据特定情境实时做出决策。此外，IRoT 还利用云计算和云存储等技术进行资源共享，实现机器人设备间的互操作。通过这种方式，现有技术不仅为它们的发展奠定了基础，同时它们也因成本效益高而受到青睐，因为它们能够从现有技术中获益，从而降低维护成本[66]。现代物联网辅助机器人可以在救援管理系统、军事应用、工业设施和医疗保健领域得到应用。例如，在工业领域，物联网技术将促进不同机器人之间的交互，智能对象可以直接集成到机械设备中，为开发新的服务和应用铺平了道路。物联网在机器人技术中的应用将在下面详细说明。

在医疗领域，机器人可以通过提供护理服务或在治疗过程中协助医生，发挥重要作用。在这方面，康复机器人学是一个活跃的研究领域，其用于加快患者的康复过程。此类机器人同样可以用于辅助那些患有运动障碍的病人。例如，ACT 系统用于中风幸存者，以测量关节的异常扭矩[67]。最近，BioMotionBot[68] 被用于分析康复中心患者的运动情况，并且能够为残疾人和老年人提供服务，帮助他们实现独立生活。机器人的设计旨在适应实时和现实生活的各种场景。因此，为了提高机器人的性能，从用户的角度出发进行设计至关重要。目前，机器人与人工智能的结合正在帮助患者得到更好的治疗。然而，随着技术的不断进步，我们有必要转向一个更高级的平台，即物联网。例如，在重症监护室（ICU）中，一旦发生紧急情况，机器人可以有效地应对，以防止事态恶化。此外，此类机器人还可以在医院中辅助进行手术。

在工业领域，一系列机器协同工作以达成共同目标，生产特定产品。确保机器的功率、温度、制动和润滑等得到适当维护，对它们的正常运行至关重要。物联网技术可以用于监控工业机器的性能，确保它们正常工作。同样，无线传感器网络也可以用于智能建筑的监控和能源管理。用户友好型机器人在工业中具有广泛的应用，能够根据不同的需求适应各种情况。机器人可以在人类难以或无法工作的环境中工作，如高温炉内或与有害化学物质接触的地方。

在军事应用中，物联网可以利用红外线、光电和图像等传感器来检测入侵及有害化学物质。其还可以用于在敏感区域探测地雷、狙击手和爆炸物。军事物联网（MIOT）能够收集周围环境的信息。此类信息通过传感器收集，并在军事对象之间通过感知层共享。这一层容易受到攻击，攻击者可利用这一点获取机密信息。因此保护其免受攻击，防止信息泄露至关重要。在这种情况下，机器人可以发挥重要作用。

救援行动的目的是拯救那些处于不利情况下的人们，如火灾或地震中被困的人们。在此类情况下，正确分析整个场所并收集大量数据至关重要。无线传感器网络可以在最短时间内收集此类信息[69]。在无线传感器网络中，传感器节点收集信息，然后将其传输至控制中心。控制中心通过分析此类信息，做出适当的决策以改善情况。物联网还可以用于指示地震等紧急情况，以便采取预防措施将损害和损失限制在一定范围内[70]。在此类情况下，可以基于物联网设备收集的数据做出适当的决策，以进行灾后重建。救援机器人在救援行动中发挥着重要作用，可用于矿难、城市灾难、人质绑架和爆炸等多种情况。然而，由于远程操作机器人在实时操作中可能面临许多挑战，因此有必要发展完全自主的机器人。完全自主的机器人具有独立决策的能力，这使它们在处理不利情况时发挥巨大作用，物联网技术可以为它们提供必要的支持。在基于物联网的机器人系统中，机器人的动作是根据物联网设备所感知的信息进行协调的，这使整个系统变得更加高效。

随着技术的发展，物联网与机器人技术的融合产生了 IRoT，其旨在为用户提供更优质的服务。IRoT 使机器人能够相互连接，实现实时信息共享。至今，IRoT 已经在多个领域得到应用，未来在连接性和安全性方面还有进一步的提升空间。

11.7　结论与未来展望

物联网的核心价值在于通过自动化和增强化手段改善人们的生活质量。其能够创新性地将众多不同的设备与现有技术，如人工智能和云计算，进行有效整合，为用户提供更高质量的服务。物联网的吸引力之一是其能够在最大限度减少人为干预的情况下，帮助用户做出更明智的决策，同时在时间和成本上具有更高的可行性。这是因为智能传感器设备使人们可以随时随地访问和控制物体。物联网在医疗保健、智慧城市、机器人技术、农业和工业等领域的应用已成为热点议题。尽管物联网拥有广泛的应用并为人们带来了许多益处，但仍存在一些需要解决的挑战。例如，在物联网环境中，设备需要始终保持网络连接。此外，传感器和执行器必须稳定运行，以便能够实时感应并响应环境变化。此外，网络上的数据安全也至关重要，以保护用户数据的隐私不受侵犯。还应建立保护机制，确保网络安全，防止非法入侵。物联网中不同设备之间的互操作性仍然是我们所面临的挑战之一。随着技术的进步，未来可以针对这一问题进行改进，确保异构网络能够有序协同工作。云计算、雾计算/边缘计算、数据挖掘等新兴技术可以与物联网结合，以提升用户体验并增强服务在遇到故障时的恢复能力。

本章原书参考资料

1. Gubbi, J., Buyya, R., Marusic, S., Palaniswami, M., Internet of things (IoT): A vision, architectural elements and future directions. *Future Gener. Comput. Syst.*, 29, 1645–1660, 2013.

2. Bhuvaneswari, V. and Porkodi, R., The internet of things (IoT) applications and communication enabling technology standards: An overview, in: *International Conference on Intelligent Computing Applications*, IEEE, 2014.

3. Madakam, S., Ramaswamy, R., Tripathi, S., Internet of things (IoT): A literature review. *J. Comput. Commun.*, 3, 164–173, 2015.

4. Masoodi, F., Alam, S., Siddiqui, S. T., Security and privacy threats, attacks and countermeasures in Internet of Things. *Int. J. Netw. Secur. Appl.* (IJNSA), 11, 67–77, 2019.

5. Miorandi, D., Sicari, S., Pellegrini, F. D., Chlamtac, I., Internet of things: Vision, applications and research challenges. *Ad Hoc Networks*, 10, 1497– 1516, 2012.

6. Rost, M. and Bock, K., Privacy by design and the new protection goals. *European privacy seal, EuroPriSe*, DuD, Germany, pp. 1–9, 2011.

7. Patel, K. K. and Patel, S. M., Internet of things—IoT: Definition, characteristics, architecture, enabling technologies, application & future challenges. *Int. J. Eng. Sci. Comput.* (*IJESC*), 6, 6122–6131, 2016.

8. Vermesan, O. and Friess, P., Internet of things From research and innovation to market deployment. *River Publishers Series in Communications*, 2014.

9. Domingo, M. C., An overview of the internet of things for people with disabilities. *J. Netw. Comput. Appl.*, 35, 584–596, 2012.

10. Agarwal, A., Miller, J., Eastep, J., Wentziaff, D., Kasture, H., Self-aware computing, *Technical report, AFRL-RI-RS-TR-2009-161*, Massachusetts Institute of Technology, USA, 2009.

11. Azimi, I., Rahmani, , A. M., Liljeberg, P., Tenhunen, H., Internet of things for remote elderly monitoring: A study from user-centered perspective. *J. Ambient Intell. Hum. Comput.*, 8, 273–289, 2017.

12. Istepanian, R. S. H., Hu, S., Philip, N. Y., Sungoor, A., The potential of internet of m-health things "m-IoT: For non-invasive glucose level sensing, in: *Proceedings IEEE Engineering in Medicine and Biology Society*, IEEE, pp. 5264–5266, 2011.

13. Drew, B. J., Practice standards for electrocardiographic monitoring in hospital settings. *Circulation*, 110, 2721–2746, 2004.

14. Yang, G., A health-IoT platform based on the integration of intelligent packaging, unobtrusive biosensor, and intelligent medicine box. *IEEE Trans. Ind. Inf.*, 10, 2180–2191, 2014.

15. Jara, A. J., Zamora-Izquierdo, M. A., Skarmeta, A. F., Interconnection framework for mHealth and remote monitoring based on the Internet of Things. *IEEE J. Sel. Area. Comm.*, 31, 47–65, 2013.

16. You, L., Liu, C., Tong, S., Community medical network (CMN): Architecture and implementation, in: *Proceedings Global Mobile Congress* (GMC), IEEE, pp. 1–6, 2011.

17. Agu, E., The smart phone as a medical device: Assessing enablers, benefits and challenges, in: *2013 Workshop on design challenge in mobile medical device systems*, IEEE, pp. 76–80, 2013.

18. M. L. Liu, L. Tao, Z. Yan, Internet of things-based electrocardiogram monitoring system, Chinese patent 102764118 A, 2012.

19. Larson, E. C., Goel, M., Boriello, G., Heltshe, S., Rosenfeld, M., Patel, S. N., SpiroSmart: Using a microphone to measure lung function on a mobile phone, in: *Proceedings ACM International Conference of Ubiquitous Computing*, pp. 280–289, 2012.

20. Milici, S., Lorenzo, J., Lazaro, A., Villarino, R., Girbau, D., Wireless breathing sensor based on wearable modulated frequency selective surface. *IEEE Sens. J.*, 17, 1285–1292, 2017.

21. Mahbub, I., Pullano, S. A., Wang, H., Islam, S. K., Fiorillo, A. S., To, G., Mahfouz, M. R., A low-power wireless piezoelectric sensor-based respiration monitoring system realized in CMOS process. *IEEE Sens. J.*, 17, 1858–1864, 2017.

22. D. Y. Lin, Integrated internet of things application system for prison, Chinese Patent 102867236A, 2013.

23. Z. Guangnan and L. Penghui, IoT (Internet of Things) control system facing rehabilitation training of hemiplegic patients, Chinese patent 202587045U, 2012.

24. Y. Yue-Hong, F. Wu, F. Y. Jie, L. Jian, X. Chao, Z. Yi, Remote medical rehabilitation system

in smart city, Chinese Patent 103488880A, 2014.

25. Islam, S. M. R., Kwak, D., Kabir, M. H., Hossain, M., Kwak, K., The internet of things for health care: A comprehensive survey. *IEEE Access*, 3, 678–708, 2015.

26. Pasluosta, C. F., Gassner, H., Winkler, J., Klucken, J., Eskofier, B. M., An emerging era in the management of Parkinson's disease: Wearable technologies and the internet of things. *IEEE J. Biomed. Health Inform.*, 19, 1873–1881, 2015.

27. Russmann, A. S. H., Wider, C., Burkhard, P. R., Vingerhoets, F. J. G., Aminian, K., Quantification of tremor and bradykinesia in Parkinson's disease using a novel ambulatory monitoring system. *IEEE Trans. Biomed. Eng.*, 54, 313– 322, 2007.

28. Lattanzio, F., Abbatecola, A. M., Bevilacqua, R., Chiatti, C., Corsonello, A., Rossi, L., Bustacchini, S., Bernabei, R., Advanced technology care innovation for older people in Italy: Necessity and opportunity to promote health and wellbeing. *J. Am. Med. Dir. Assoc.*, 15, 457–466, 2014.

29. Sanchez, J., Sanchez, V., Salomie, I., Taweel, A., Charvill, J., Araujo, M., Dynamic nutrition behaviour awareness system for the elders, in: *Proceedings of the 5th AAL Forum: Impacting Individuals, Society and Economic Growth*, pp. 123–126, 2013.

30. Sun, M., Burke, L. -E., Mao, Z. -H., Chen, Y., Chen, H. -C., Bai, Y., Li, Y., Li, C., Jia, W., eButton: A wearable computer for health monitoring and personal assistance, in: *Proceedings 51 st Design Automation Conference*, pp. 1–6, 2014.

31. Bai, Y., Li, C., Yue, Y., Jia, W., Li, J., Mao, Z. -H., Sun, M., Designing a wearable computer for lifestyle evaluation, in: *38th annual northeast bioengineering conference*, IEEE, pp. 93–94, 2012.

32. Vagen, T. -G., Winowiecki, L. A., Tondoh, J. E., Desta, L. T., Gumbricht, T., Mapping of soil properties and land degradation risk in Africa using MODIS reflectance. *Geoderma*, 263, 216–225, 2016.

33. Benincasa, P., Antognelli, S., Brunetti, L., Fabbri, C., Natale, A., Sartoretti, V., Vizzari, M., Reliability of NDVI derived by high resolution satellite and UAV compared to in-field methods for the evaluation of early crop n status and grain yield in wheat. *Exp. Agric.*, 54, 604–622, 2018.

34. Liu, H., Wang, X., Bing-kun, J., Study on NDVI optimization of corn variable fertilizer applicator. *Agric. Eng.*, 56, 193–202.10, 2018.

35. Shi, J., Yuan, X., Cai, Y., GPS real-time precise point positioning for acrial triangulation. *GPS Solut.*, 21, 405–414, 2017.

36. Suradhaniwar, S., Kar, S., Nandan, R., Raj, R., Jagarlapudi, A., Geo-ICDTs: Principles

and applications in agriculture, in: *Geospatial technologies in land resources mapping, monitoring and management.* Geotechnologies and the Environment, Springer, vol. 21, G. Reddy and S. Singh (Eds.), pp. 75–99, 2018.

37. Colaco, A. F. and Molin, J. P., Variable rate fertilization in citrus: A long term study. *Precis. Agric.*, 18, 169–191, 2017.

38. Bruno, B., Benjamin, D., Davide, C., Andrea, P., Francesco, M., Luigi, S. Environmental and economic benefits of variable rate nitrogen fertilization in a nitrate vulnerable zone. *Sci. Total Environ.*, 545–546, 227–235, 2016.

39. Khan, N., Medlock, G., Graves, S., Anwar, S., GPS guided autonomous navigation of a small agricultural robot with automated fertilizing system, *SAE Technical Paper*, 2018.

40. Ayaz, M., Ammad-Uddin, M., Sharif, Z., Mansour, A., Aggoune, E. -H. M., Internet-of-Things (IoT) based smart agriculture: Towards making the fields talk. *IEEE Access*, 7, 129551–129583, 2019.

41. Fisher, D. K. and Kebede, H., A low-cost microcontroller based system to monitor crop temperature and water status. *Comput. Electron. Agric.*, 74, 168–173, 2010.

42. Moshou, D., Bravo, C., Oberti, R., West, J. S., Ramon, H., Vougioukas, S., Intelligent multi-sensor system for the detection and treatment of fungal diseases in arable crops. *Biosyst. Eng.*, 108, 311–321, 2011.

43. O'Shaughnessy, S. A. and Evett, S. R., Developing wireless sensor networks for monitoring crop canopy temperature using a moving sprinkler system as a platform. *Appl. Eng. Agric.*, 26, 331–341, 2010.

44. Kodana, R., Parmarb, P., Pathania, S., Internet of things for food sector: Status quo and projected potential. *Food Rev. Int.*, 36, 1–17, 2019.

45. Akkaş, M. A. and Sokullu, R., An IoT-based greenhouse monitoring system with Micaz motes. *Procedia Comput. Sci.*, 113, 603–608, 2017.

46. Katsoulas, N., Bartzanas, T., Kittas, C., Online professional irrigation scheduling system for greenhouse crops. *Acta Hortic.*, 1154, 221–228, 2017.

47. Tongke, F., Smart agriculture based on cloud computing and IOT. *J. Converg. Inf. Technol.*, 8, 26, 2013.

48. Tripodi, P., Massa, D., Venezia, A., Cardi, T., Sensing technologies for precision phenotyping in vegetable crops: Current status and future challenges. *Agronomy*, 8, 57, 2018.

49. Zhou, J., Reynolds, D., Websdale, D., Cornu, T. L., Gonzalez-Navarro, O., Lister, C., Orford, S., Laycock, S., Finlayson, G., Stitt, T., Clark, M. D., Bevan, M. W., Griffiths, S., CropQuant: An automated and scalable field phenotyping platform for crop monitoring and

trait measurements to facilitate breeding and digital agriculture. *BioRxiv*, 1–41, 2017.

50. MindSphere: Enabling the world's industries to drive their digital trans-formations. Siemens: Ingenuity for Life, pp. 1–24, 2018.

51. Xu, L. D., Xu, E. L., Li, L., Industry 4.0: State of the art and future trends. *Int. J. Prod. Res.*, 56, 2941–2962, 2018.

52. Bandyopadhyay, D. and Sen, J., Internet of things: Applications and challenges in technology and standardization. *Wireless Pers. Commun.*, 58, 49–69, 2011.

53. Sun, C., Application of RFID technology for logistics on internet of things. *AASRI Procedia*, 1, 106–111, 2012.

54. Ngai, E. W. T., Moon, K. K., Riggins, F. J., Yi, C. Y., RFID research: An academic literature review (1995–2005) and future research directions. *Int. J. Prod. Econ.*, 112, 510–520, 2008.

55. Anastasia, S., The concept of 'smart cities' towards community development. *Netw. Commun. Stud.*, *Netcom*, 26, 375–388, 2012.

56. Zanella, A., Bui, N., Castellani, A. P., Vangelista, L., Zorzi, M., Internet of things for smart cities. *IEEE Internet Things J.*, 1, 22–32, 2014.

57. Alder, L., The urban internet of things: Surveying innovations across city systems, 2015.

58. Martirano, L., A smart lighting control to save energy, in: *Proceedings of the 6th IEEE International Conference on Intelligent Data Acquisition and Advanced Computing Systems*, pp. 132–138, 2011.

59. Gharaibeh, A., Salahuddin, M. A., Hussini, S. J., Khreishah, A., Khalil, I., Guizani, M., Al-Fuqaha, A., Smart cities: A survey on data management, security, and enabling technologies. *IEEE Commun. Surv. Tutor.*, 19, 2456–2501, 2017.

60. Talari, S., Shafie-khah, M., Siano, P., Loia, V., Tommasetti, A., Catalao, J. P. S., A review of smart cities based on the internet of things concept. *Energies*, 10, 421, 2017.

61. Nuortio, T., Kytöjoki, J., Niska, H., Bräysy, O., Improved route planning and scheduling of waste collection and transport. *Expert Syst. Appl.*, 30, 223–232, 2006.

62. Venkateshwar, S. V. and Mohiddin, M., A survey on smart agricultural system using IoT. *Int. J. Eng. Res. Technol.*, *ICPCN-2017*, 5, 1–6, 2017.

63. Li, X., Shu, W., Li, M., Huang, H. -Y., Luo, P. -E., Wu, M. -Y., Performance evaluation of vehicle-based mobile sensor networks for traffic monitoring. *IEEE T. Veh. Technol.*, 58, 1647–1653, 2009.

64. Lee, S., Yoon, D., Ghosh, A., Intelligent parking lot application using wireless sensor networks, in: *Proceeding International Symposium on Collaborative Technology Systems*, pp. 48–57, 2008.

65. Lynch, J. P. and Kenneth, J. L., A summary review of wireless sensors and sensor networks for structural health monitoring. *Shock Vib. Dig.*, 38, 91–130, 2006.

66. Ray, P. P., Internet of robotic things: Concept, technologies, and challenges. *IEEE Access*, 4, 9489–9500, 2016.

67. Ellis, M., Sukal-Moulton, T., Dewald, J. P. A., Impairment-based 3-D robotic intervention improves upper extremity work area in chronic stroke: Targeting abnormal joint torque coupling with progressive shoulder abduction loading. *IEEE Trans. Rob.*, 25, 549–555, 2009.

68. Bartenbach, V., Sander, C., Pschl, M., Wilging, K., Nelius, T., Doll, F., Burger, W., Stockinger, C., Focke, A., Stein, T., The biomotionbot: A robotic device for applications in human motor learning and rehabilitation. *J. Neurosci. Methods*, 213, 282–297, 2013.

69. Saha, S. and Matsumoto, M., A framework for disaster management system and WSN protocol for rescue operation, in: *TENCON 2007—IEEE Region 10 Conference, IEEE*, pp. 1–4, 2007.

70. Chen, Z., Li, Z., Liu, Y., Li, J., Liu, Y., Quasi real-time evaluation system for seismic disaster based on internet of things, in: *2011 International conference on internet of things and 4th International conference on cyber, physical and social computing, IEEE*, pp. 520–524, 2011.

第12章
商业组织中敏捷自主团队面临的挑战

古尔米特·考尔[*]、乔蒂·普鲁蒂、拉克哈娜·索尼

摘要：在软件开发领域，创建自组织、跨职能、自主、自我管理的小型团队或小组正变得越来越普遍，这种现象在众多组织中日益常见。敏捷方法在大规模开发项目中日益普及，多个软件开发团队通过定期向客户交付可操作的软件来创造商业价值。当IT供应商与终端客户合作时，将统一的敏捷原则和自主团队实践引入固定价值团队，带来了特殊的组织和社交难题。团队的自主性体现在其能够与产品负责人和客户紧密协作，对自己的流程和成果拥有所有权，并对其与其他系统的交互承担责任。当自组织团队或小组需要协作时，其必须牺牲一定程度的自主权，因为需要与其他团队协调一致。在大型项目中，团队需要与合作伙伴、专家和管理者就多种选择达成共识。为了与组织的其他部分协调工作和流程，团队的自主性受到了一定程度的限制。通过设计进行协调是解决这一挑战的方法之一。关于自主团队发展的研究指出，为了达到有益的发展阶段，团队必须有效地管理差异和内部冲突。大多数冲突往往起源于团队层面的因素，因此应在团队层面上得到妥善处理。外部的强制性要求，如固定的扩展期限和固定价值的承诺，引发了团队成员和主管之间的信任缺失。规范是非正式的指导原则，它帮助团队或小组管理成员的行为。本章描述了在敏捷开发中遇到的困难，这些困难涉及由组织内IT和业务发展部门的资源构建自主团队。

关键词：自主性、冲突、信任、协调、沟通

---

[*] 印度法里达巴德马纳夫拉赫纳大学，邮箱：Grmtkaur02@gmail.com。

12.1 引言

敏捷编程的方法、策略和流程在大规模软件开发项目中日益普及。随着敏捷编程开发逐渐成为软件开发的主流方法，公共领域的组织也在逐步调整它们的开发策略，以适应这一趋势。原因多种多样：传统的瀑布模型开发技术存在较长的交付周期，而敏捷策略则鼓励频繁交付，并利用客户的快速反馈来调整产品；不同角色的个体，如开发人员和产品所有者，在团队合作中感到更加满意，同时减少了在非生产性活动，如协调和交接上的工作时间。一项分析大规模敏捷开发基本假设的研究发现，这类项目内部存在复杂的信息界限，以及与项目外部技术和流程的紧密耦合及复杂交互。敏捷软件开发通常涉及多个团队，它们负责开发解决方案的不同功能，并且经常构建对组织或社会至关重要的系统。从小规模到大规模开发的关键转变之一是，跨边界的工作变得至少与团队内部的工作同等重要。

12.2 文献综述

在大规模环境中采纳敏捷工作方法和动员自主、自治的团队或小组已变得越来越普遍。当自组织团队需要协作时，它们必须牺牲一定程度的自主权[1]。应该与不同团队协调架构和编程，开发工作通常构成产品组合或项目的一部分。根据 Bass 和 Haxby[2] 的观点，自组织团队必须放弃一些自主性和创造力，以便就规范达成共识。自主性和创造力的降低可能会导致团队或小组表现下降，但一个自治团队的表现不仅取决于敏捷团队本身的能力，还取决于管理层创造的组织环境[2]。大多数研究报告显示了团队加强的积极效果，但也有一些研究指出了在特定环境下实施自组织团队或缺乏足够的管理和支持时可能遇到的挑战[3]。在大规模敏捷软件开发环境中，需要进一步研究如何构建、支持和培训独立敏捷团队以增强其能力。随着敏捷开发方法的兴起，我们也看到了对团队相关问题的大量研究，如沟通[4]、协调[5]和团队自我管理[6] 等。

皮特森和沃林[7] 通过分析一个由 116 人设计的三个大型子系统案例，研究了从传统计划驱动开发到敏捷开发的转变。有大量涉及完全自组织团队好处的文献。敏捷开发依赖团队合作，而不是个人任务，这在计划驱动的开发中很常见[8]。自治团队激发了参与度，增强了与组织之间的联系，提高了能动性和奉献精神，以及对于能力和责任的期待。因此，团队成员更加关心他们的工作，从而进一步增强创造力和合作精神，提高效率和管理质量[9]。另一项研究展示了埃里克森如何利用培训人员在包含 40 个团队的大型开发项目中促进流程改进和信息传递[10]。一项研究介绍了分别在 151、33 和 6 个团队的情况下，Scrum 团队的运作链[11]。自我管理也可以直接影响团队效率，因为它将决策权提升到操作问题和不确定性的程度上，从而提高决策的精确性[12]。Bass[13] 进一步探讨了在大规模离岸开发中的技术拟合。Scheerer 等人[14] 将大规模敏捷开发描述为一个联合系统，并讨论了如何在这一领域实现战略目标[15]。

大型开发项目中展示了结构工程、客户参与和团队间的协调。大规模敏捷开发通常由专业框架提供指导，最明显的是大规模 Scrum（LeSS）或 Scaled Agile Framework（SAFe）。大规模 Scrum 框架[16] 最初由克雷格·拉尔曼和巴斯·沃德创建，旨在扩展单个 Scrum 团队之外的原始 Scrum 框架。SAFe[17] 由迪恩·莱芬韦尔创建，部分基于他在诺基亚变革中汲取的经验[18]。该框架建立在项目模型的概念上，将软件开发组织划分为三个部分：程序、团队和组合。尽管有时会被批评过于武断，SAFe 仍然是目前最广泛应用的、专门为敏捷技术设计的专业知识体系[19]。

12.3　自主权的类型

自主权有多种形式，包括对产品、个体和计划决策的控制权。Moe 等人在一项研究中探讨了个人自主权、内部自主权和外部自主权之间的区别[20]。外部自主权指的是管理层和其他团队外部成员对团队活动的影响；内部自主权则指团队成员之间共同分享决策权的程度；个人自主权则涉及个人在完成任务时拥有的自由度和灵活性。要实现自主权，需要满足一些先决条件，包括能力过剩（因为这影响团队适应变化的能力）、团队文化（例如，团队指导）、信息共享（以确保所有成员都能参与决策），以及管理层的支持，以创造有利于团队发展的环境。例如，文献 [21] 中对一家电脑游戏开发工作室的情况分析表明，在敏捷项目管理中实现自主权可能导致与母公司的冲突，以及团队内外持续存在的权力链问题。

12.3.1　外部自主权

理想情况下，在高度信任的组织中，团队应该被赋予解决问题的任务，然后解决方案应完全由团队自行决定。这反映了任务指挥的原则，即我们"指出最终状态、其目的和最低限度的潜在限制"，并为团队创造高水平的内部自主权奠定基础。在大型组织中，团队通常受到多种因素的限制。在我们所举的例子中，这些限制是由法规、安全、全球计划、软件工程和遗留系统等因素强加的。此外，团队还需要与其他团队进行协作和协调。通过面对面接触此类团队，了解它们的情况，并通过在组织中与其他团队合作时有效展示敏捷开发实践的潜在可能性，可解决相关问题。

12.3.2　内部自主权

团队需要一个共同的目标、关键技能和成员间共享的信任，以建立内部自主权或自治。对在整个项目中开发的产品共同承担责任和所有权，使团队有能力就如何制定最佳决策做出自己的选择。内部自主权需要跨功能的能力和技能的多样性；这也减少了团队中个人自主权的程度，因为成员需要处理自己的计划和执行任务。在任务期限内，团队提升了一整套能力，包括开发、维护、交付、监控和支持其所分配的应用程序。

12.3.3　个人自主权

项目团队由具有必要能力的成员组成，此类成员来自内部和外部资源。实现这一点的关键因素是精心挑选的、高度积极的团队成员，他们不仅具备角色所需的技能，还对敏捷技术有着明确的偏好和深刻的理解。鉴于跨功能团队成员所具备的多样化能力相互依存[22]，以及敏捷理念的基本确立，个人的高度自主性从项目伊始就受到适度的限制。

12.3.4　持续学习和改进确保个人自主权与内部自主权

紧密合作和面对面沟通在团队成员之间建立了良好的关系及学习环境，随着信任的增加，这种环境将促进学习。

实践证明，团队成员能够从他们的同伴那里获得新技能。这种学习在多种情境中发生，不仅在日常团队工作中非常重要，定期组织的双周评审还将促进此类学习，评审活动带来了持续的改进，使团队逐渐变得更加稳固，并且因为团队成员开始承担多重角色，减少了对个别成员的依赖。要实现这一目标，关键在于为团队成员提供必要的空间，例如，为每位团队成员分配一定比例的自主发展时间。

12.4　自主团队的挑战

12.4.1　规划

规划在大规模软件开发中发挥着核心作用[23]。一项有关微软工程师如何组织工作的报告发现，策略主要聚焦于规划和突出重点。报告指出，"增加沟通和个人联系可以促进团队间的更顺畅协作"。最常用的工具是电子邮件，其被工程师、分析师和项目经理用来监控不同团队的状态。研究强调，"建立和维护团队成员间的个人联系，被许多受访者认为是与合作伙伴有效协作的关键"，并最终指出，"受访者希望团队间的沟通更加高效，以减轻其日常工作负担"。

1. 联合团队计划

2001 年，Mathieu、Zaccaro 和 Marks 提出了"联合框架"这一概念，用以描述至少两个团队如何基于环境威胁直接且相互依赖地实现共同目标。联合框架庞大且特殊，难以在框架内每个个体之间实现直接的共同调整[24]。联合框架的限制由以下事实定义：框架内的所有团队，在追求各自不同的主要目标的同时，至少共享一个共同的中心目标；在此过程中，至少与框架中的另一个团队展示信息、流程和结果的相互依赖性[25]。协调这一术语用于多种情境。由于不同团队需求的多样性，文献 [26] 分析了现有文献并提出了协作工作中的"五大要素"。这"五大要素"包括五个方面，这些在几乎所有协作科学的分类中都能找到：团队权威、灵活性、强化行为、共同绩效监控和团队指导。

2. 闭环通信

闭环通信不仅仅是创建和发送消息，还涉及建立共同的理解[27]。通信是信息的基本交流，闭环通信包括一个反馈环节：信息是否被接收并被正确解释。额外的输入循环对于不同团队之间的有效沟通至关重要[28]。信任或信心被视为团队之间相互的信念，即每个团队都会履行其职责并保护其成员的好奇心。共同信任是团队对另一个团队的品格、信誉、品质和能力的信念[29]。信任指导着团队表现与其他因素之间的联系[30]。信任是一个关键的团队过程，但其不会有效地跨越团队界限[31]。

12.4.2 冲突

1. 人际冲突

传统上，脑科学家将冲突分为三种类型：关系、过程和任务，此分类基于它们的内容。然而，这些类型并没有获得很好的定义，其与表现之间的联系也未被完全理解[32]。因此，冲突并不必然与提高嗓门相关，即使在某些语言中这是该词的实际翻译。数据框架分析师也进行了关于冲突/争议的研究。在 2001 年的一项研究中，文献 [33] 发现，由于团队有良好的冲突/争议管理，包括差异、障碍和负面情绪在内的人际冲突对项目结果的影响较小[34]。此外，一项研究显示[35]，关系冲突与敏捷团队方法的迭代开发和客户接触呈负相关。同时，这些引用的研究进一步强调了在基于敏捷的团队中进行实际妥协的必要性。

2. 团队内冲突

人际冲突通常表现为双重联系。与工作或关系相关的冲突应该由一个人口头传达，并经常会传递给另一个人。然而，这并不意味着争议仅限于传达它的个人 [36]。关系冲突被认为发生在两个群体之间，无论是个人、团队还是国家 [37]。我们认为，团队内冲突需要一个结构化的方法进行提前管理，因为冲突很常见，有时在一段时间后会变得严重 [38]。因此，通过持续讨论早期冲突，防止它们变得复杂和特殊，将为团队提供帮助。

3. 加强人际冲突

下面描述了各种关于冲突或争议管理书籍的内容，提供有关如何处理冲突/争议的提示。许多情况都可能导致团队冲突/争议，如争夺需求、争夺稀缺资源、误解、不明确的情况、对服务或部门的不同看法、不同的品质、标准或理解、沟通问题、竞争、组织变革和压力 [39]。具有高度的情感智慧对于成功的冲突管理特别有帮助。以下是在冲突/争议情况下常见的一些错误，这些错误可能引发激烈的或不情愿的反应 [40]。

- 单一视角——只从你的角度看待问题。
- 沟通不足——停止倾听/考虑。
- 非黑即白——认为"对或错"；只有一种方式，那就是我的方式。
- 个人化倾向——问题不仅是纯粹的问题，还有个人情感。
- 信息膨胀——引入另一方不知道的新数据。
- 操纵——隐瞒信息，背后议论人。
- 故意攻击——寻找个人的弱点并攻击。
- 忽视文明原则——停止适当的理解，忽视，禁止发送记录。

如果能够成功避免上述错误，并且能够理解他人的观点，同时认识到自己在争议中的责任，那么人们会更愿意寻找令人满意的解决方案。

- 将问题定义为一个具体、普遍且明确的问题。
- 描述与问题相关的情绪（如悲伤、愤怒、困惑、被忽视等）。
- 交流立场背后的意图，是什么驱使人们持有不同的观点？需要达成什么共识？倾听每个人的意见。
- 通过提供多种可能的解决方案，识别共同利益，并选择最合适的一个方案 [41]。一个更清晰的流程可能包括以下步骤。
  - A: 这些天（当前情况如何？这些是我们/我/他们今天做的事情）。

183

- B：预期最终产品（这就是我需要它的方式。我们 / 我 / 他们应该这样做）。
- C：障碍（为什么是 X 而不是 Y ？）。
  - C1：我们是否考虑这些障碍？
  - C2：是否能消除这些障碍？
  - C3：我们能否消除这些障碍？
  - C4：我们需要消除这些障碍吗？
- D：行动（建议 / 修改）[42]。

重要的是要认识到，根据争议的复杂性，需要采用不同的方法。当冲突变得更加复杂时，使用调解者是重要的策略之一 [43]。在敏捷软件开发环境中，流程协调者（如 Scrum 中的 Scrum Master）在需要时非常适合承担这一角色，并且 Scrum Master 通常以实际的方式管理团队。

12.4.3 信任

敏捷方法强调透明度和反馈循环，这有助于建立信任。例如，SAFe 和 LeSS 中使用的回顾会议等反思环节，可能会提高团队间的信任度。实践、仪式和角色促进了快速决策，但往往忽略了一个关键因素：人。信任有关的文献指出，团队之间不容易建立信任，并且其影响沟通的效率 [43]。在大规模开发中，信任至关重要，且难以培养。远程敏捷的持续交付实践似乎有助于建立信任。

共同工作空间和集体午餐等实践，不仅增强了团队凝聚力，还增加了团队间的信任。开放和随意的沟通及基础领导力是建立信任的明确指标 [44]。信任有关的文献还表明，增加关系接触可以促进信任的建立 [45]。团队规模与个人间的关系呈负相关。团队规模与信任度之间的这种联系可能解释为什么敏捷方法在较小组织中比在较大组织中更为成功。然而，团队内部和团队之间的联系是动态变化的。因此，静态的模型概念并不符合协作环境中关系发展的实际情况。

12.4.4 标准 / 规范

承诺遵守标准将推动更多基于信息的实验性研究，从而改进编程实践。

团队标准被视为团队成员共同期望的行为准则[46]。此类标准能够通过传达我们开展某些活动的原因，在一定程度上明确指导人的行为[47]。标准起到规范作用，为团队成员提供了有关特定行为的激励，区分了团队中可接受与不可接受的个人行为[48]。此外，标准是团队结构的关键组成部分，也是团队成员相互认同的重要基础。当团队成员认同团队时，他们将更有效地为团队目标做出贡献[48-49]。团队标准的一个重要特征是，如果它们没有被传达给其他人，就无法存在[50]。标准可能促进有效和适应性强的行为，因为符合标准的行为方式会让人们感到压力。标准改善了团队运作，因为它们使人们能够依赖完成的某些事情及没完成的某些事情。Google 的一项持续研究表明，一些标准，如团队成员常谈论类似知识的标准，可以提升团队的集体智慧，而其他标准则可能导致团队解散[51]。特赫等人的研究提出，团队标准可以调整，以便促进软件开发团队中的特定实践[52]。在那项研究中，通过任务培训调整团队标准，团队成员在直接指导下完成一个试点项目，从而建立新的标准。敏捷策略要求从命令和控制型管理转变为领导和合作型管理[53]。麦克休[54]发现，在敏捷团队中，标准影响行为，并认为由于敏捷团队中的传统管理程序通常较少，团队标准可能比在传统编程团队中更为重要。夏普和莱恩[55]进一步认为，为了提高自我管理能力，软件开发团队需要调整团队内及更广泛环境中的工作标准。在共同创立的软件开发团队中制定有效的标准至关重要，在分散的软件开发团队中更是如此。尼尔等人[56]发现，建立一个共同认可的标准体系是团队构建中的一个重要组成部分。他们认为，团队的优势在于能够向新成员传达外部标准和角色期望。

12.4.5　指令性规范

指令性（一对一）规范是最容易识别的规范类型，因为受访者通常将其描述为人们应该具备的行事方式。例如，在团队 1 中，一位设计师描述了一种工作着装的规范："我们必须穿长裤，不能穿鞋。"在团队 1 和 2 中，有一条规范是"产品所有者（PO）不得参加审查会议"。所有团队都有一个普遍的规范："所有团队成员必须准时参加会议"，并且其通过严格的措施，如罚款，来强化对这一规范的遵守。在讨论任务分配时，团队 1 的一位工程师指出："我们有特定的职责，以便能够快速解决问题。"团队期望成员根据专业特长选择任务。这种做法得到了团队成员的广泛认可，因为其提高了团队的效率。这种规范表明，团队更倾向于角色专业化，而不是敏捷协作标准，如支持行为和信息共享[57]。团队 1 的另一位成员在讨论团队的自主性时提道："与 Scrum 初期相比，我们现在拥有完整的结构决策权。"这里指的是团队成员现在被允许参与计划制订，这是之前没有的。配置是工作流程的一部分，其为随后的编码工作设定了方向。这种规范增强了团队的执行力，因为其将领导力下放到了功能问题的具体层面。

12.4.6　描述性规范

描述性规范/标准关注的是团队成员通常表现出的行为模式，这些规范往往基于被广泛接受的假设。为了识别此类规范，我们需要通过观察团队会议来收集数据，从而确定团队成员的典型行为。例如，在讨论燃尽图的更新情况时，团队 3 的一位成员指出："在团队 4，成员们会向 Scrum Master 报告，然后由 Scrum Master 来更新燃尽图。我们认为不必如此严格，我们自己就能完成更新。我们每个人都有责任去更新。"这表明团队内部已经形成了一种行为模式。但是，我们观察到团队成员实际上很少更新燃尽图，即使团队领导希望他们能更频繁地进行更新。在团队 1 的规划扑克的活动中，评估任务所需时间最长或最短的成员需要解释他们的估算。这导致了一个现象：大多数团队成员倾向于给出中等的估算值，以避免引起争议或需要向他人解释自己的判断。

团队 1 的另一个描述性规范是，如果成员表示有更紧急的任务，他们可以在团队会议中分心。例如，一些成员在规划会议期间进行编码工作。这种规范可能导致团队成员对工作和团队目标的共同理解不足，进而对团队的整体绩效产生负面影响。

12.4.7　并行规范

指令性规范/标准可能与个人行为标准相一致。例如，一位设计师描述了一个同时体现指令性和描述性的标准："当我遇到问题时，我会迅速寻求帮助，而不是长时间独自尝试解决问题。"我们经常看到同事们互相寻求帮助，无论是亲自走到附近的人那里，还是在每日站立会议中提出问题。在这些团队中，互相寻求和提供帮助的行为得到了强烈的鼓励与认可（指令性规范）。同时，这也是团队成员通常的行为模式（详细标准）。另一个更复杂的例子是并行规范，一位主管描述了这种情况："彼得对 PO 并不严格，因此 PO 经常在 Scrum Master 不知情的情况下给他分配新任务。这是彼得处理事情的方式，我们通常就随他去。虽然这偶尔可能不是最佳做法，但他是在尽自己的职责来改进产品。"尽管原则上不鼓励 PO 未经 Scrum Master 同意就向团队成员直接分配任务（指令性规范），但这种情况实际上经常发生（描述性规范）。

团队自然地发展出一套规范，以找到一种舒适的工作方式。其努力提高成功的可能性，减少失败的风险，同时增加同事的满意度并减少人际冲突。例如，团队成员普遍感到满意，因为他们会尽一切努力不去从 PO 那里接手任务。尽管如此，他们也认识到，一些同事之所以愿意接受这类任务，是因为这有助于减轻拒绝可能带来的人际紧张。尽管如此，我们认为，遵循指令性规范（团队成员应拒绝未经 Scrum Master 同意的任务）可以显著提升团队绩效，而对违反这一规范的默认接受可能会对团队绩效产生负面影响。

12.4.8　心理安全

除了文化，还有许多不同的因素对明确沟通规范同样至关重要。同事之间相互行为的规范与心理安全的概念紧密相关，心理安全是一种信心感，即团队不会因为某人提出问题而羞辱、忽视或排斥该人。在对规范的一项正在进行的调查中发现，高效的软件团队拥有鼓励性的规范。

12.4.9　改变规范

了解规范及其如何转变的界限预计将提高团队绩效。这项研究的结果表明，团队反思机制及双重团队工作规范，以及此类规范的演变、发展，将显得尤为重要。规范是通过同事间的交流构建的。因此，它们是动态变化的。规范的一个有趣方面是，有效的实践可以不断地转变为程序化的标准行为[58]。

观察团队 2 的工作，该团队试图发展自己的有效合作规范。能够改进自己工作方法的团队通常比不做出这样选择的团队达到更高水平的独立性[59]。以有意识的方式改变规范的一个方法是反思。为了促进反思，敏捷技术通常设立某种形式的审查会议。在审查会议过程中，我们注意到一些与团队规范有关的问题，例如：①我们如何确保人们准时参加培训会议？②我们如何让同事在忙于准备运行演示时组织回顾会议？③我们是否应该禁止会议中使用电脑？④我们如何确保燃尽图更频繁地更新？通过反思这些问题，团队对明确的规范进行了反思，并试图发展出随后被普遍接受的指令性规范。这表明像每日站立会议和回顾会议这样的习惯与服务可能会推动实践的开展。检查团队自己的规范属于部落控制之一。通常情况下，团队将尝试建立授权制度，以维护这些指令性规范[59]。部落规则是一种当团队中的行为由共享的价值观和规范推动时起作用的规则。

12.5 培训建议

主要培训建议如下。

12.5.1 找到正确的空间类型

找到正确的空间类型的三种方法如下。

（1）一个团队负责最终用户产品，并将与产品相关的所有部分放在一个空间。

（2）将团队映射到一个组织单元。

（3）各组成部分可能有不同的非功能性需求，如有些需要全天候、全年无休的服务水平协议（SLA）。在这种情况下，可能需要将对于服务水平有相同理解的组成部分整合到团队纪律中。

12.5.2 不断调整管理界限

如果一个团队无法独立完成交付功能，相应地不断调整管理界限将至关重要。专业人士经常引用康威定律来使用这种方法，建议根据你的理想设计来发展你的团队和组织结构。这也被称为"反向康威动作"。

12.5.3　执行 API 管理和治理

不同团队依赖的外部领域 API 应保持稳定。API 管理和版本控制至关重要，这意味着不同的团队可以依赖外部控制及其组成部分的力量。因此，API 管理需要包括诸如良好记录的 API、明确定义的服务水平协议、验证和审批，以及知道谁在使用 API，以便能够良好地发展和演化。

12.6　结论

本章深入探讨了自主跨功能团队在传统项目治理策略主导的领域，应用敏捷流程和实践成功开发产品所遭遇的诸多挑战。我们详细描述了这些自给自足团队的组织结构和运作方式，以及实现团队理念所需的条件。团队发展的社会学研究表明，团队要达到高效阶段，必须能够专业地管理和解决内部冲突与分歧。为了在产品设计中建立处理团队内冲突和争议的最佳方法的通用知识，我们进一步建议软件工程教育应该融入沟通技巧和冲突/争议解决策略。在本章中，我们努力为相关培训提供初步框架，明确应考虑的观点。例如，我们认为大多数争议源自团队内部，因此应通过团队层面的方法来处理。在大规模开发中，建立信任/信心至关重要，且比小规模环境更具挑战性。为帮助客户在此类项目中建立信任，建议采取以下措施：满足客户需求、加大客户参与度及促进团队间的协作。研究结果表明，当客户对项目范围有严格管控时，建立信任几乎是不可能的。

对于跨功能和自主团队而言，沟通是关键的管理要素。闭环通信的形成得益于三个因素的结合：①敏捷技术所倡导的频繁反馈；②团队成员在同一平台上的协作；③通过如"小型演示"等实践来提高协调性。共址工作和敏捷的定期交付实践似乎有助于培养信任。

另一个主要挑战是管理为自组织团队设计的规范和标准。在有效的软件开发项目中，同事以团队利益为先，共同努力实现项目目标的高效团队至关重要。在这些团队中，同事通常展现出强烈的团队责任感，并受到共享规范的共同影响。为了支持高效的协作实践，我们建议团队持续反思其指令性规范（哪些行为受到鼓励或不受欢迎）和描述性规范（通常的行为模式）。我们的研究可以作为管理和整合软件开发团队规范研究结果的基础。

未来，研究者应更多地借鉴协作框架领域的发现，提供关于如何在团队发展策略中建立此类规范的更有效的建议。

本章原书参考资料

1. Barker, J. R., Tightening the iron cage: Concertive control in self-managing teams. *Adm. Sci. Q.*, 38, 408–437, 1993.

2. Bass, J. M. and Haxby, A., Tailoring product ownership in large-scale agile projects: Managing scale, distance, and governance. *IEEE Softw.*, 36, 2, 58–63, 2019.

3. Bass, J. M., How product owner teams scale agile methods to large distributed enterprises. *Empir. Softw. Eng.*, 20, 6, 1525–1557, 2015.

4. Begel, A., Nagappan, N., Poile, C., Layman, L., Coordination in large-scale software teams, in: *Proceedings of the 2009 ICSE Workshop on Cooperative and Human Aspects on Software Engineering*, IEEE Computer Society, pp. 1–7, 2009.

5. Benner, M. J. and Tushman, M. L., Exploitation, exploration, and process management: The productivity dilemma revisited. *Acad. Manag. Rev.*, 28, 238–256, 2003.

6. Moore, C. W., *The mediation process: Practical strategies for resolving conflict (3rd ed.)*, Josseyass, San Francisco, California, 2003.

7. Cialdini, R. B., Reno, R. R., Kallgren, C. A., A focus theory of normative con-duct: Recycling the concept of norms to reduce littering in public places. *J. Pers. Soc. Psychol.*, 58, 1015–1026, 1990.

8. Cialdini, R. B. and Trost, M. R., Social influence: Social norms, conformity and compliance, in: *Handbook of Social Psychology*, pp. 151–193, McGraw-Hill, New York, 1998.

9. Costa, A. C., Roe, R. A., Taillieu, T., Trust within teams: The relation with per-formance effectiveness. *Eur. J. Work Organ. Psychol.*, 10, 3, 225–244, 2001.

10. Currall, S. C. and Judge, T. A., Measuring trust between organizational bound-ary role persons. *Organ. Behav. Hum. Decis. Process.*, 64, 2, 151–170, 1995.

11. Hodgson, D. and Briand, L., Controlling the Uncontrollable: 'Agile' Teams and Illusions of Autonomy in Creative Work. *Work Employ. Soc. J.*, 27, 2, 308–325, 2013.

12. Goleman, D., *Working with emotional intelligence*, Bantam Books, New York, 1998.

13. Davison, R. and Hollenbeck, J., Boundary spanning in the domain of multi-team systems, in: *Multiteam systems. An Organization Form for Dynamic and Complex Environments*, pp. 323–362, Routledge, NY, 2012.

14. Pruitt, D. G., Stability and sudden change in interpersonal and international affairs. *J. Conflict Resolut.*, 13, 1, 18–38, 1969.

15. Dingsøyr, T., Moe, N. B., Fægri, T. E., Seim, E. A. : Exploring software development at the very large-scale: a revelatory case study and research agenda for agile method adaptation. *Empirical Softw. Eng.* 23(1), 490–520, 2018.

16. Dirks, K. T., The effects of interpersonal trust on work group performance. *J. Appl. Psychol.*, 84, 3, 445, 1999.

17. Duhigg C. What Google learned from its quest to build the perfect team. *NY Times Mag.* 2016.

18. Earley, P. C. and Gibson, C. B., *Multinational Work Teams: A New Perspective*, Routledge, Mahwah, 2002.

19. Edmondson, A. C., Psychological safety and learning behavior in work teams. *Adm. Sci. Q.*, 44, 350–383, 1999.

20. Feldman, D. C., The development and enforcement of group norms. *Acad. Manag. Rev.*, 9, 47–53, 1984.

21. Hackman, J. R., The design of work teams, in: *Handbook of Organizational Behavior*, pp. 315–342, Prentice-Hall, Englewood Cliffs, 1987.

22. Barki, H., and Hartwick, J. Interpersonal conflict and its management in information systems development. *MIS Quarterly*, 25, 2 (2001), 195–228.

23. Hinsz, V. B. and Betts, K. R., Conflict multiteam situations, in: *Multiteam Systems: An Organization Form for Dynamic and Complex Environments*, pp. 289–322, 2012.

24. Hoda, R. and Noble, J., Becoming agile: A grounded theory of agile tran-sitions in practice, in: *Proceedings of the 39th International Conference on Software Engineering*, ICSE, 2017.

25. Wall, J. A., Jr. and Callister, R. R., Conflict and its management. *J. Manage.*, 21, 3, 515–558, 1995.

26. Tata, J. and Prasad, S., Team Self-Management, Organizational Structure, and Judgments of Team Effectiveness. *J. Manag. Issues*, 16, 2, 248–265, 2004.

27. Beck, K. *et al.*, *Manifesto for Agile Software Development*, Agile Alliance, Retrieved 14 June 2010.

28. Keyton, J., Ford, D. J., Smith, F. L., Zacarro, S., Marks, M., DeChurch, L., Communication,

collaboration, and identification as facilitators and constraints of multiteamsystems, in: *Multiteam Systems: An Organization Form for Dynamic and Complex Environments*, pp. 173–190, 2012.

29. Keyton, J., Ford, D. J., Smith, F. L., Zacarro, S., Marks, M., DeChurch, L., Communication, collaboration, and identification as facilitators and constraints of multiteamsystems, in: *Multiteam Systems: An Organization Form for Dynamic and Complex Environments*, pp. 173–190, 2012.

30. Kirsch, L. J., Ko, D.-G., Haney, M. H., Investigating the antecedents of teambased clan control: Adding social capital as a predictor. *Organ. Sci.*, 21, 469– 489, 2010.

31. Behfar, K. J., Peterson, R. S., Mannix, E. A., Trochim, W. M. K., The critical role of conflict resolution in teams: A close look at the links between conflict type, conflict management strategies, and team outcomes. *J. Appl. Psychol.*, 93, 1, 170, 2008.

32. Laanti, M., Salo, O., Abrahamsson, P., Agile methods rapidly replacing traditional methods at Nokia: A survey of opinions on agile transformation. *Inf. Softw. Technol.*, 53, 3, 276–290, 2011.

33. Langfred, C. W., Work-group design and autonomy: A field study of the interaction between task interdependence and group autonomy. *Small Gr. Res.*, 31, 1, 54–70, 2000.

34. Larman, C. and Vodde, B., *Large-Scale Scrum: More with LeSS*, Addison-Wesley Professional, Boston, 2016.

35. Leffingwell, D., *SAFe 4. 0 Reference Guide: Scaled Agile Framework for Lean Software and Systems Engineering*, Addison-Wesley Professional, Boston, Mass. 2016.

36. Levine, J. M. and Moreland, R. L., Progress in small group research. *Annu. Rev. Psychol.*, 41, 585–634, 1990.

37. Gren, L., The Links Between Agile Practices, Interpersonal Conflict, and Perceived Productivity, in: *Proceedings of the 21st International Conference on Evaluation and Assessment in Software Engineering*, ACM, pp. 292–297, 2017.

38. Fenton-O'Creevy, M., Employee Involvement and the Middle Manager: Evidence from a survey of organizations. *J. Organ. Behav.*, 19, 1, 67–84, 1998.

39. Mathieu, J., Marks, M. A., Zaccaro, S. J., Multi-team systems. *Int. Handb. Work Organ. Psychol.*, 2, 289–313, 2001.

40. Mayer, R. C., Davis, J. H., Schoorman, F. D., An integrative model of organizational trust. *Acad. Manag. Rev.*, 20, 3, 709–734, 1995.

41. McHugh, O., A study of clan control in agile software development teams. Ph. D. thesis. NUI Galway, 2011.

42. McIntyre, R. M. and Salas, E., Measuring and managing for team performance: emerging principles from complex environments, in: *Team Effectiveness and Decision Making in Organizations*, pp. 9–45, 1995.

43. Moe, N. B., Dingsøyr, T., Dybå, T., A teamwork model for understanding an agile team: A case study of a scrum project. *Inf. Softw. Technol.*, 52, 480–491, 2010.

44. Moe, N. B., Dingsøyr, T., Dybå, T., Overcoming barriers to self-management in software teams. *IEEE Softw.*, 26, 20–26, 2009.

45. Moe, N. B., Key challenges of improving agile teamwork, in: *XP 2013. LNBIP*, vol. 149, H. Baumeister and B. Weber (Eds.), pp. 76–90, Springer, Heidelberg, 2013.

46. Nerur, S., Mahapatra, R., Mangalaraj, G., Challenges of migrating to agile methodologies. *Commun. ACM*, 48, 72–78, 2005.

47. Moe, N. B., Dingsøyr, T., Dybå, T., Understanding Self-organizing Teams in Agile Software Development. *19th Australian Conference on Software Engineering* (*ASWEC 2008*), IEEE Xplore, 2008.

48. Paasivaara, M. and Lassenius, C., Communities of practice in a large dis-tributed agile software development organization—Case Ericsson. *Inf. Softw. Technol.*, 56, 12, 1556–1577, 2014.

49. Coleman, P. T., Deutsch, M., Marcus, E. C., *The Handbook of Conflict Resolution: Theory and Practice* (*3rd ed.*), John Wiley & Sons, San Francisco, California, 2014.

50. Petersen, K. and Wohlin, C., The effect of moving from a plan-driven to an incremental software development approach with agile practices. *Empir. Softw. Eng.*, 15, 6, 654–693, 2010. ISI Document Delivery No.: 653OB Times Cited: 2 Cited Reference Count: 46 Petersen, Kai Wohlin, Claes. Springer, Dordrecht.

51. Pikkarainen, M., Haikara, J., Salo, O., Abrahamsson, P., Still, J., The impact of agile practices on communication in software development. *Empir. Softw. Eng.*, 13, 303–337, 2008.

52. Salas, E., Sims, D. E., Burke, C. S., Is there a big five in teamwork?*Small Gr. Res.*, 36, 5, 555–599, 2005.

53. Scheerer, A., Hildenbrand, T., Kude, T., Coordination in large-scale agile soft-ware development: A multiteam systems perspective, in: *2014 47th Hawaii International Conference on System Sciences*, IEEE, pp. 4780–4788, 2014.

54. Sharp, J. H. and Ryan, S. D., A preliminary conceptual model for exploring global agile teams, in: *XP 2008. LNBIP*, vol. 9, P. Abrahamsson, R. Baskerville, K. Conboy, B. Fitzgerald, L. Morgan, X. Wang (Eds.), pp. 147–160, Springer, Heidelberg, 2008.

55. Nerur, S., Mahapatra, R., Mangalaraj, G., Challenges of Migrating to Agile Methodologies.

Commun. ACM, 48, 5, 72–78, 2005.

56. Teh, A., Baniassad, E., Van Rooy, D., Boughton, C., Social psychology and software teams: Establishing task-effective group norms. *IEEE Softw.*, 29, 53–58, 2012.

57. Terry, D. J. and Hogg, M. A., Group norms and the attitude–behavior relation-ship: A role for group identification. *Pers. Soc. Psychol. Bull.*, 22, 776–793, 1996.

58. Vlietland, J. and van Vliet, H., Towards a governance framework for chains of scrum teams. *Inf. Softw. Technol.*, 57, 52–65, 2015.

59. Williams, M., In whom we trust: Group membership as an affective context for trust development. *Acad. Manag. Rev.*, 26, 3, 377–396, 2001.

第 13 章
大数据分析在企业转型中的作用

里亚兹·阿卜杜拉·谢赫*、尼廷·S. 戈杰

摘要: 近年来,大数据、商业分析及"智能化"环境作为影响组织决策制定的最新工具,受到了广泛关注。这些工具为组织提供有意义的数据,并基于价值提供答案,通过提升组织绩效赋予组织竞争优势。大数据分析不仅进行模式分析,还允许自动预测未来事件。在人工智能的支持下,大数据分析能够改变组织并创造新的商业机会。此外,大数据分析还有助于为社会的可持续发展和繁荣创造价值。其包括尖端的分析工具、设备、编程和平台,以实现大数据的分析和管理。大数据分析为基于少量证据的决策和行动提供了巨大帮助。但是,对于企业如何适应这一技术进步及所涉及的商业变革,人们的理解有限,这些变革可能会激发组织和文化的变化。

本章包含深入的文献综述,聚焦企业转型的必要性和大数据分析的角色;通过讨论、比较和分析五个案例,展示了成功实施大数据分析的实例。本章还探讨了企业采纳大数据分析可能面临的挑战,并为企业如何利用大数据分析创造商业价值提供了路线图。

关键词: 大数据、大数据分析、商业智能、企业转型、数字化企业转型、智能技术

13.1 技术驱动的企业转型介绍

13.1.1 21 世纪商业挑战和问题

商业环境的复杂性日益增加,一方面为组织提供了新的机会,另一方面

---

* 沙特阿拉伯吉赞大学商学院,邮箱: rasheikh@jazanu.edu.sa。

也带来了严峻的挑战。

组织必须意识到当前动荡的商业环境，并进行转型以应对压力且利用其优势。例如，全球化使企业能够在全球范围内寻找新的客户和供应商，从而降低生产成本，通过增加销量来提高利润；然而，全球化也带来了激烈的竞争。其他重要因素包括客户需求的快速变化、技术创新、日益增长的政府监管和放松管制等。这些因素的强度随时间增加，对企业施加了更大的压力和挑战。

企业面临预算紧缩与来自高层管理的提高绩效和利润的压力。在这种压力下，管理者必须迅速做出反应，推动发展并提高灵活性。管理者需要持续参与决策过程。现有文献显示，分析工具的进步有助于改善商业决策过程。管理者必须了解最新的信息管理技术解决方案，并将其应用在决策制定中最为频繁和重要的任务上。

13.1.2　企业转型的必要性

对于任何组织来说，转型是实现可持续增长的关键。其目的可能是提高组织的效率和应对未来挑战的能力[1]。企业转型需要从管理层的各个层面获得高层的支持。这种转型通常是由组织内部的情况、技术或因素推动的。其涉及组织的所有部门。企业转型的长远目标始终是提升整个业务运营的绩效和效率。其首先使组织的商业模式与其核心能力保持一致，并通过技术消除新设计的价值创造业务模型周围的非价值创造活动。

13.1.3　数字化转型

在 21 世纪，技术已成为一种变革工具，帮助企业应对激烈竞争，并提升客户满意度。数字化转型或技术驱动的转型使组织能够提高其业绩、增加生产力并吸引新客户。数字革命正在改变世界的各个方面，改变我们沟通、互动和消费产品和服务的方式[2]。对数字化转型的研究确定了三个主要的转型驱动因素。首先是业务敏捷性，以便能够以生产性和有效的方式适应外部变化；其次是创新，以确保业务和信息技术战略的一致性；最后是全球对新思想的需求，以及对新商业机会的支持[3]。

这种数字化转型为企业带来了诸多好处，例如：

（1）提高盈利能力。

（2）降低运营成本。

（3）改善客户体验。

（4）促进内部流程的整合。

（5）打开新市场的可能。

（6）加强和提升品牌价值。

如今，数字化转型不再是企业的选择，而是成功的必要条件。它使企业能够更加灵活和高效。根据富士通发布的名为《走在数字钢丝上》的研究，那些拥抱数字化的企业效率提高了 39%。麦肯锡的报告指出，在联想收购 IBM 的个人计算机业务后，其技术转型在短短两年内将 IT 支出从 2.8% 减少到 1.4%。图 13.1 展示了技术转型投资如何随时间的推移产生显著的财务影响。

	数字化转型 耗费的时间	股票价格增长率
Microsoft MICROSOFT	5年	258%
HASBRO	7年	203%
BEST BUY	7年	198%
Honeywell HONEYWELL	3年	83%
NIKE	2年	69%
TARGET	8年	66%
HOME DEPOT	2年	59%

图 13.1　数字化转型与增长率（Forbes 网站，2019）

13.2　大数据、大数据分析与商业智能简介

近年来，大数据、商业分析和"智能化"环境作为推动组织决策的最新工具，吸引了极大的关注。这些工具为组织提供有意义的数据，并基于价值提供答案，通过提升组织绩效赋予其竞争优势[4]。

13.2.1　什么是大数据

IBM 指出，目前可获取的全球信息中，有 90% 是在近几年产生的[5]。这些数据来源于各种渠道，包括日常交易、社交媒体动态，或者安装在各种设备上（如家用电器、手机、汽车等）的传感器。这种庞大的数据被称为"大数据"。"大数据"一词指的是在高度数字化的生态系统中产生的和可获取的极其庞大的信息量。企业已经开始认识到其所拥有数据的重要性，以及如何利用这些数据来获得竞争优势。大数据和商业分析也在挑战现有的商业模式及传统组织[6]。Gartner 将"大数据"定义为："大数据是高容量、高速度和多样化的信息资产，它需要成本效益高、创新的信息处理方式，以增强洞察力和决策能力。"大数据的传统定义围绕三个核心要素：容量、速度和多样性[7]。这三个要素定义了大数据的基本特征或维度。此外，真实性、变异性和价值主张是领先的解决方案提供商对于大数据其他维度定义的补充。

容量：容量是大数据最明显和普遍的特征。图 13.2 展示了大数据的六个维度。点击流、系统日志、在线搜索和交易等来源持续产生极大量的数据。

组织非常清楚地意识到不断发展的各种信息类型，以及与之相关联的潜在挑战和机遇。例如：

- 分析每日 5 亿条推文，提取有助于提升产品情绪分析的有用信息。
- 将每年 3500 亿次的电表读数转化为更易于预测能源消耗的数据。

速度：速度指的是数据产生的速度，以及为了给企业带来价值，数据需要被多快地处理。例如，Facebook 上每天上传约 9 亿张照片，Twitter 每天接

图 13.2　大数据的维度

收 5 亿条推文，YouTube 上每天上传超过 40 万小时的视频，Google 每天记录超过 35 亿次搜索[8]。在处理大数据时，时机至关重要。随着时间的推移，大数据的价值会降低，最终可能变得无用。

例如：

- 检查每日 5 亿次交易事件，以发现潜在的欺诈行为。
- 定期处理 5 亿条呼叫的详细记录，以更快预测客户行为。

多样性：大数据中的多样性指的是由人或机器产生的结构化和非结构化数据的多样性。文本文档、图片、视频和推文是最常见的结构化数据来源，而电子邮件、语音邮件、股票行情数据、音频记录等非结构化数据同样重要。据估计，企业信息中有 80%～85% 是非结构化或半结构化的格式。决策者不能忽视这些海量数据的价值。必须在分析过程中明智地利用此类数据，以改善商业决策。

例如：

- 持续监控数千个安全摄像头的实时视频流，以检测异常行为。
- 探索包含文档、图片和视频的不断增长的数据，以提升客户体验。

真实性：大数据的真实性指的是数据的质量、可靠性和诚信。1/3 的商业领袖容易受使用生成的信息进行决策的影响。如果你不能信任信息，你就不能期望他人据此采取行动。数据来源的增加和数据类型的多样性对商业领袖建立信任构成了巨大挑战。

变异性：大数据的变异性指的是大量数据以不一致的速度累积到数据库中。例如，社交媒体上的大趋势，如新年庆祝或"白色星期五"促销活动。这种由日常或周期性事件触发的高峰数据负载，尤其是当涉及社交媒体时，管理起来非常具有挑战性。

价值主张：最后但同样重要的是，大数据的所有属性中最为关键的是价值主张。如果你不能从数据中获得商业价值，其他属性就毫无意义。这是你的大数据项目的主要目标。从大数据中可以获得巨大的价值，这可以帮助你更好地了解客户，优化业务流程，提升业务绩效，并取得竞争优势[9]。

13.2.2　大数据分析

1. 什么是大数据分析？

大数据分析（BDA）是一种应用尖端分析工具对庞大数据集进行处理的方法。这些大数据可能来自多种源头，具有不同的组织形式和大小，从太字节（TB）到泽字节（ZB）不等。它包括了广泛的数据集，其中既包含结构化数据，也包含半结构化数据和非结构化数据。这种分析能力使分析师、科学家和商业用户能够利用之前难以获取或无法使用的数据，做出更迅速、更明智的决策。企业领导者可以运用机器学习、预测分析、数据挖掘和自然语言处理等技术，从尚未发掘的数据源中自由地或与现有企业数据库结合，获取新的商业洞察和知识。大数据分析不仅支持模式识别和事件预测[10]，还能通过人工智能推动流程自动化，转变组织运作模式，并创造新的商业模式[11]。最为关键的是，它为推动可持续和繁荣社会的发展创造了价值。大数据分析包括了一系列尖端的分析工具、软件和平台，以实现大数据的分析和管理。它为基于数据的决策和行动提供了极大的支持[12]。尽管如此，关于组织如何转型以适应这一技术进步，以及如何引导组织和文化变革，人们目前的理解仍然非常有限[13]。

2. 为什么大数据分析很重要？

大数据分析使企业能够挖掘数据潜力，识别新的商机。这有助于企业做出更明智、更迅速的商业决策，提高运营效率，增加盈利能力，并提升客户满意度[14]。美国进行的一项针对 50 多家企业的研究显示，企业领导者通过使用大数据分析降低了成本，快速改进了决策，以及推动了新产品与服务（见图 13.3）[15]。

图 13.3　大数据分析的价值

13.2.3　商业智能

商业智能是一个综合性术语，涵盖了工具、架构、数据库和方法，这些元素共同协作以导入和分析大量数据流。商业智能的目的在于为特定的商业情况提供深刻的洞察力。商业智能的核心目标是使信息的访问直观化（有时是逐步实现），从而实现对信息的掌控，并使商业领袖和分析师能够进行必要的研究。其包括一系列从数据转换到决策，最终到行动的过程。

在当今时代，商业信息的获取被普遍认为是至关重要的，它被比喻为商业的"新石油"。商业领袖在分析数据后能够做出关键决策，这些决策进一步帮助组织维持和促进其发展。大数据和商业智能都有助于分析数据，为商业决策提供有价值的见解。虽然它们不完全相同，但它们有共同的目标，因此需要相互协调并常常结合使用。图 13.4 展示了大数据分析与商业智能之间的关系。

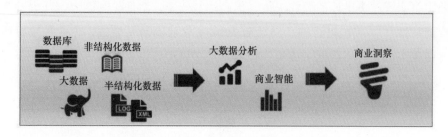

图 13.4　大数据分析与商业智能之间的关系

以下是商业智能的一些优势：

- 改进决策制定。
- 准确且及时地分析和报告。
- 改善数据共享。
- 降低成本。
- 增加收入。
- 提高绩效。

13.3　大数据分析及其在企业转型中的作用

大数据分析是利用统计和分析工具处理海量数据，以适应不断变化的客户需求，并创造及维持竞争优势的一种方法。大数据不仅是一种资产，其对于增强财务和社会价值也具有重要作用，其重要性可与资本资源和人力资源相媲美。根据 2016 年 PromtCloud 的报告，大数据行业在短短三年内从 68 亿美元增长到 320 亿美元。国际数据公司（IDC）预测，大数据市场将以每年 23.1% 的速度增长。商业领袖和分析师正在把握这一巨大机遇，利用大数据来获得竞争优势。许多公司据说将其总 IT 支出的 10% 仅用于数据相关的支出，并正在转型以利用大数据分析来指导决策，以期获得更好和更优化的商业成果。

然而，许多公司也面临采用大数据分析的巨大压力。大数据分析的最终成功主要取决于其识别和实现公司战略商业价值的能力，这可以为公司提供竞争优势。尽管 Gartner 在 2016 年的调查显示了对大数据的持续巨大的投资，但也出现了投资减缓的迹象。这些担忧促使企业重新评估其大数据应用策略，以及如何通过这一系统创造价值。企业发现评估大数据的实际价值及大数据投资如何带来具体的商业价值是一项挑战。这同样被称为"数据货币化"和"数据评估"。数据价值可以通过商业知识结合其在业务中的实际应用来实现 [16]。

13.3.1　大数据分析与价值主张

大数据分析的成功不仅建立在数据资产、数据采集能力及运用分析方法和工具进行知识创新的经验上。更重要的是，它依赖利用大数据分析挖掘关键的商业价值，确保企业保持竞争力。大数据分析所揭示的商业洞察能够广泛应用于多个领域，创造宝贵的商业见解，包括流程优化、创新驱动、客户维系及提升公司声誉和品牌价值。将大数据分析作为一种战略资源时，应提出以下问题来评估其能否产生战略性的商业价值。此类问题基于企业资源基础视角，遵循经典的 VRIO 框架（价值、稀缺性、不可模仿性、组织）。

价值：大数据分析能提供哪些商业价值洞察，以开辟新的商机或应对竞争？

稀缺性：你的大数据内容和分析能力的稀缺程度如何？这包括企业的分析数据、人才资产、技能，以及对先进的大数据管理和分析工具的掌握程序。

不可模仿性：竞争对手模仿你的大数据分析能力有多困难？大数据分析能力与组织的信息技术发展、决策文化和组织权力结构紧密相关，使其具有独特性且难以复制。

组织：你的企业战略和文化在多大程度上促进了大数据分析能力的应用？大数据分析战略的成功很大程度上取决于其在公司长期战略中的地位，以及支持该战略的组织结构、流程和治理机制的部署到位。这种战略规划包括制定政策、程序、流程、治理结构，以及营造一种企业文化，以最大限度地利用数据资产，增强企业的竞争力。

13.3.2　大数据分析的战略价值

大数据分析所产生的商业洞察给实际运营和品牌形象都能带来益处。具体来说，功能价值，比如市场份额和财务表现，可以直接通过实施大数据分析得到增强；而象征价值则涵盖了企业的声誉、品牌价值等方面。从战略角度来看，功能价值可以被视为技术与组织任务之间的匹配度，象征价值则可以看作技术与组织环境之间的适应性。大数据分析的战略价值如图 13.5 所示。

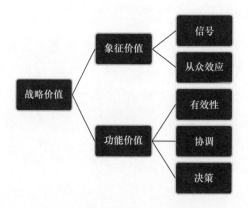

图 13.5　大数据分析的战略价值

商业合作伙伴可能会将这种信号解读为企业价值增长的潜力，进而推动股价和企业整体价值的提升。对大数据分析的投资、员工的分析技能、领导力、创新能力及社交媒体上的互动，都是企业象征价值增长的明显标志[17]。与此同时，功能价值的增长可以通过其对组织效率、协调能力和智能决策能力的影响来衡量。

功能价值与象征价值的关联有助于我们更深入地理解大数据分析在创造战略价值中的角色。这一关系在图 13.6 的矩阵中得到了清晰的展示，它描绘了大数据分析的战略职能。

当功能价值和象征价值都处于高水平时，大数据分析可能成为企业的关键战略变革者。这将协助企业在提升内在品质和市场知名度方面取得进步。如果功能价值较高，大数据分析可以作为提高盈利能力的有效驱动力。若仅象征价值被预测为高，大数据分析可能成为一个形象构建者，帮助企业向利益相关者传递积极的品牌形象。如果功能价值和象征价值都较低，企业可能不会寻求通过大数据分析来获取价值，而可能采取更谨慎的策略[18]。

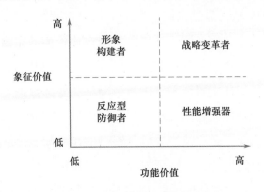

图 13.6　大数据分析的战略角色

13.3.3　创建商业价值的大数据分析框架

企业在采用大数据分析时，最关心的是如何实现战略商业价值。这需要一种全面的方法，其不仅能够构建大数据分析，更重要的是能够利用它来创造价值。这应包括有形价值（例如，增加收入或减少成本）和无形价值（例如，提高消费者忠诚度或扩大品牌价值）。2018 年，基于 IT 价值模型和变革管理理念，有人提出了一个新的概念框架。该框架包含两组流程：能力构建和能力实现，如图 13.7 所示。

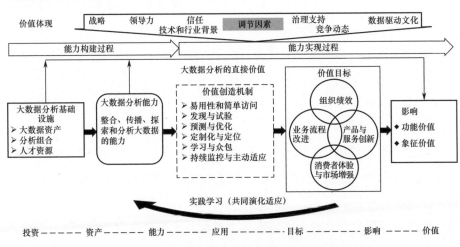

图 13.7　商业中大数据分析采用的概念框架

1. 构建大数据分析能力

框架的第一部分包括构建大数据分析基础设施和能力的过程。大数据资产、分析组合和人才资源是构成大数据分析基础设施的三大要素[19]。企业需要持续投资这三个方面，因为它们是实现商业价值的主要来源。大数据资产提供了一套工具，用于数据的收集、处理、整合、共享和存储，这些数据具有不同的来源，如社交媒体、点击流、交易和外部数据库。分析组合包括一系列工具，用于处理大数据资产并生成有价值的商业洞察。这些洞察可被应用于财务风险建模、客户情绪分析、银行欺诈检测、价格和性能优化等场景。人才是最重要的资产，包括开发人员、程序员、分析师和模型师，他们在策略制定和解读大数据分析结果以创造商业价值方面发挥关键作用。

新的大数据分析能力必须能够快速捕获大量多样化的数据，并通过实时地持续发现和分析来创造商业价值。大数据分析能力应包括描述性分析来解释过去发生的事情，预测性分析来构建未来的预测模型，以及规范性分析来设计推荐系统以提供最佳解决方案。此外，它还应包括执行文本分析、音视频分析、地理分析和社交媒体分析的能力，以充分利用大数据分析基础设施的优势[20]。

2. 大数据分析能力的实现

框架的第二部分专注于实现大数据分析的能力，以创造新的、有意义的、可执行的洞察。如果你无法从中提炼新的和有意义的价值，那么数据的规模本身并不重要[21]。我们的目标是帮助商业领袖优化业务流程、加速创新、推动优化、更深入地理解客户、改进产品设计，并提升业务表现。该框架整合了六个组成部分，以展示大数据分析能力与价值目标之间的联系。这些组成部分包括：易用性和简单访问、发现与试验、预测与优化、定制化与定位、学习与众包，以及持续监控与主动适应。

该框架应能够协调不同利益相关者的视角和需求，同时明确价值目标。其包括一个组件，用于创建有助于提升业绩、流程改进、产品和服务自动化，以及客户体验的商业激励。这将不仅帮助企业提升其功能价值，同时通过企业的创新形象、管理、市场影响力和利益相关者的满意度来提升企业形象[22]。

在构建大数据分析能力时，另一个需要牢记的重要因素是组织的以数据为驱动的视角。企业应该建立一个组件，用于制定流程、管理结构和团队，这些都需要具备数据技能。"主动数据治理"指的是对信息进行全面管理，包括其可用性、易用性、完整性和安全性。企业的数据管理团队应该拥有监督机构或委员会、管理策略，以及执行和跟踪这些策略的计划[23]。

正如在框架中所示，能力建设和能力实现是通过一系列相互关联的决策来实现的，这些决策促进了组织学习。这种学习支持共同进化的应用（反向箭头），类似于一个反馈循环。它展示了企业通过经验、成功和失败来建立与认可未来大数据分析的能力[24]。

13.4　利用大数据分析成功实现企业转型的现实案例

13.4.1　零售业中的大数据分析：Walmart

在零售业中，采用大数据分析的机会非常多。过去五年中，投资大数据分析的企业在营销和销售计划上的投资回报率（ROI）达到了 15%～20%。零售企业利用大数据分析来改善运营，特别是在市场营销、店铺管理、销售和供应链等方面[25]。零售商理解顾客及其偏好至关重要。通过持续分析大数据流（包括销售、收入、运营和库存等），可以有效地识别并区分有价值的和潜在的顾客购买行为。这些洞察可以进一步用于购物篮分析，以推出新的促销计划或优惠，这不仅能够提升顾客体验，还能帮助企业增加销售额并确定适当的库存水平。当前，零售业务的利益相关者可以利用大数据分析来最大化利润，并防止或减少顾客从实体店向电子商务网站的转移。

作为世界上最大的零售商和收入最高的企业，Walmart 在全球 28 个国家拥有 20000 家门店，通过 10 个活跃网站服务着 2.45 亿名顾客，拥有超过 200 万名员工。Walmart 在美国的 4000 多家门店每天的销售额达到 3600 万美元。Walmart 每小时处理来自 100 多万名顾客的 2.5PB 数据。其很早就意识到在这种规模的运营中数据分析的重要性。超市是一个竞争激烈的行业，需要每天向数百万顾客提供大量商品。竞争不仅基于价格，还包括顾客服务、活力和便利性。其面临的挑战在于如何及时、准确地供应正确的商品。为了利用这些海量数据，Walmart 在 2011 年建立了世界上最大的私有云和分析中心"数据咖啡馆"。在数据咖啡馆，数据分析师可以通过监控 200 多条内外数据流来创造有价值的商业洞察。这里配备了多种工具，用于建模、操作和展示每周产生的 40PB 的销售交易数据，使企业能够将问题响应时间从 2~3 周缩短到仅 20 分钟。快速获取洞察对于企业获得竞争优势至关重要。

数据咖啡馆允许分析师为各种性能指标设置阈值，一旦指标下降，系统会自动提醒相关团队，以便其迅速找到解决方案。Walmart 还开发了一个名为 Social Genome 的大数据分析解决方案，能够分析来自网络、在线社交网络和独家数据（如联系信息和消息）的整合公共数据。通过这个工具，Walmart 可以接触到对 Walmart 产品或服务感兴趣的顾客或顾客的朋友，并提供特别折扣。Walmart 通过 Inkiru 的预测分析阶段和机器学习技术，在定向营销、欺诈识别与预防及库存管理方面取得进展。通过比较应用大数据分析前后的销售数据，可以衡量大数据应用的价值。Walmart 的在线销售额比前一年显著增长了 10%~15%（约 10 亿美元），同时在大数据分析领域的领导地位也极大地改善了其声誉。

13.4.2　在线零售业中的大数据分析：Amazon

Amazon 是成立于 1994 年的电子商务巨头，目前被公认为世界上最大的在线零售商之一。起初，Amazon 以销售实体商品起家，比如书籍，随后逐渐扩展到电子书、视频流媒体和网络服务等虚拟商品领域。Amazon 的成功很大程度上得益于其策略性地采用开创性的"推荐引擎"技术。这一预测系统旨在帮助消费者做出购买决策，并提供便捷的支付方式。然而，在过去二十年中，信息过载已成为一个普遍问题。在线零售商通过在线提供大量产品和服务，以增加销售机会。像 Amazon 和 Walmart 这样的企业通过采纳"一站式购物"的超市模式而取得了成功。但随之而来的问题是，面对如此众多的购买选项，顾客可能会感到迷茫，不知道应该购买什么及何时购买。为了解决这一问题，Amazon 利用了其从 1.52 亿用户浏览网站时积累的大数据，创建并调整了一个推荐系统。该推荐系统基于这样一个理念：对用户了解得越多，就越能准确预测其购买需求。通过对大数据进行分析和整理，系统能够根据用户的需求和偏好提供个性化的产品目录，从而引导用户进行购买。Amazon 的推荐系统主要依赖协同过滤技术，即首先构建用户画像，然后根据具有相似特征的其他用户的购买记录，为用户推荐产品。Amazon 通过收集用户在浏览网站时的所有行为数据，如购买历史、搜索记录、地址信息等，利用这些数据在 2016 年实现了近 1350 亿美元的销售额，企业的净利润也从 2015 年的 5.96 亿美元大幅增长至 2016 年的 24 亿美元。此外，Amazon 以数据驱动的购物体验和卓越的客户支持，使其成为全球顶尖品牌之一。Amazon 还利用大数据技术来监控、跟踪并管理其在全球 200 个配送中心的 1.5 亿件商品，确保库存的准确性和配送的高效率。

13.4.3　社交媒体中的大数据分析：Facebook

Facebook 是社交媒体网络的无冕之王，拥有超过 60% 的互联网用户。该网站允许用户免费在线注册，并与朋友、同事及他们不认识的人建立联系。用户可以与他们喜欢的人分享图片、音乐、视频、文章及他们的想法和观点。Facebook 拥有超过 24.5 亿活跃用户，以及每天有超过 16.2 亿用户访问网站，花费数小时浏览 Facebook 信息流。面对如此庞大的受众群体，Facebook 为小型企业提供了一个简便且成本低廉的营销机会。其在全球范围内注册了超过 8000 万家小型企业。Facebook 的收入模式主要依赖出售大量消费者数据，并通过为企业提供广告空间来盈利。仅在美国，超过 86% 的企业使用 Facebook 进行广告宣传，为 Facebook 创造了超过 100 亿美元的巨额收入。

Facebook 的用户每时每刻都在创造超过 250 万条信息流内容。这些内容及 Facebook 生成的数据库（包括商业列表、电影、音乐、书籍和电视节目）都会被不断地分析，以便为广告商寻找线索。Facebook 使用 PHP 和 MySQL 数据库作为开源技术开发软件。软件工程师开发了 HipHop for MySQL 编译器，以加快处理速度并减少 CPU 负载。Facebook 声称使用 Hadoop 的 HBase 平台进行分布式存储管理，以及使用 Apache Hive 进行实时数据分析。

毫无疑问，Facebook 是网络生活的主宰者，已经改变了我们在网上相互交流的方式。这些庞大的客户信息对广告商进行目标市场营销具有巨大的价值。这对于预算有限的小型企业尤其有用。Facebook 的数据科学家开发了基于深度学习的工具，如 DeepText、DeepFace、定向广告、Flow 和 Torch 平台，用于分析数据并为企业和广告商生成有用的洞察。对于 Facebook 来说，获得并维持其 24.5 亿活跃用户的信任至关重要。用户数据隐私、网络欺凌、网络霸凌和内容认证是其面临的主要挑战。

13.4.4　制造业中的大数据分析：Rolls-Royce

Rolls-Royce 是一个极具创新精神的行业巨头，制造巨大的发动机，这些发动机被全球约 500 家航空公司和超过 150 个军事单位采用。飞机发动机设计或制造中的一个微小错误可能造成数十亿美元的损失，甚至危及人命。对 Rolls-Royce 来说，能够监控其产品的健康状况并提前识别潜在问题至关重要。Rolls-Royce 正在利用大数据来设计更耐用的产品，提高效率，并改善客户体验。因此，设计、制造和售后服务是 Rolls-Royce 利用大数据分析的三个主要领域。

Rolls-Royce 为其发动机和推进系统配备了许多精密传感器，这些传感器能够记录每一个微小的细节，并实时向决策者报告每个变化。其在全球范围内设立了多个运营支持中心，工程师们可以在这里监控并分析传感器从发动机收集的数据。这种大数据分析能力使其能够改进设计流程，降低成本，缩短产品开发时间，并提高产品的质量和性能。其能够通过提前识别维护需求来提供更好的客户服务，从而减少维护导致的乘客麻烦或延误。

13.4.5　医疗保健中的大数据分析：Apixio

医疗保健拥有巨大的大数据分析应用潜力。其整合了来自基因表达、测序数据、电子健康记录、临床医生的笔记、处方、生物医学传感器数据、在线社交媒体数据等大量健康数据 [26]。在过去二十年中，美国对于大数据分析的需求越来越迫切，这不仅是为了降低医疗保健费用，也因为基于证据的医学和患者护理的兴起。据估计，美国医疗服务领域采用大数据分析每年可创造超过 3000 亿美元的价值。随着科学医学知识的发展，迫切需要迅速引入新的药物和治疗方法。此外，医疗保健成本的增加迫使医疗专家接受新信息，并部署大数据分析技术，以便改善个性化医疗和个人护理中的决策。

Apixio 是一家位于加利福尼亚的认知计算企业，正在揭示并推广临床知识，以改善医疗保健行业的决策。该企业正在处理医生用于得出宝贵见解所依赖的各种信息来源、各种格式的大量非结构化数据。Apixio 首先提取数据，然后将其转化为可以分析的信息。该过程使用 OCR（光学字符识别）技术和基于自然语言处理的机器学习算法。该企业推出了其首个产品 HCC Profiler，面向保险公司和医疗服务网络，包括医院和诊所。此类组织需要详细了解每个人的健康状况，如疾病的严重程度、正在积极治疗的疾病、所接受的治疗方法等。有了 HCC Profiler，处理 80% 的非结构化数据和 20% 的结构化数据，并为个性化医疗和个人护理生成宝贵见解将变得轻而易举。Apixio 正在使用非关系型数据库技术和分布式计算平台，如 Hadoop 和 Spark，构建大数据分析基础设施。考虑稳健性、医疗保健隐私、安全性和法规合规性，Apixio 使用云中的 Amazon Web Service（AWS）执行所有操作。

医疗保健中的大数据分析应用仍处于初期阶段。研究人员在医疗保健中应用大数据分析的机会很多。大数据分析的宝贵见解可以帮助医院减少医疗保健费用、快速有效地诊断、应用基于证据的医学和进行患者护理。

表 13.1 总结了上述企业使用的大数据分析基础设施、能力、价值创造机制等[12]。

表 13.1 案例研究总结

序号	公司	行业	大数据分析基础设施	大数据分析能力	价值创造机制	商业效益	商业效果
1	Walmart	零售	数据咖啡厅；Hadoop 集群；在线数据；点击流社交媒体数据等	在线分析；社交媒体分析；预测分析；趋势分析；数据可视化；购物篮分析	发现；预测；监控；定制化；优化	销售增长；成本降低；客户满意度提高；性能改善	功能价值（收入）和象征价值（品牌形象、领导地位）
2	Amazon	在线零售	Dynamo；S3；数据仓库	模型和实时；大数据分析	定制化；预测；机器学习	改善客户体验和忠诚度	功能价值（收入）和象征价值（形象建设）

序号	公司	行业	大数据分析基础设施	大数据分析能力	价值创造机制	商业效益	商业效果
3	Facebook	技术	DeepText；DeepFace；定向广告；Flow & Torch 平台	在线大数据分析；社交媒体分析；预测分析；趋势分析；购物篮分析	发现；预测；定制化	目标市场营销；改善客户体验和忠诚度	功能价值（收入）和象征价值（声誉）
4	Rolls-Royce	制造	VHF 无线电，SATCOM 途中通信，闸口处的 3G/WiFi；私有云；物联网；传感器	实时大数据分析；签名匹配和新颖异常行为；诊断和预测	发现；预测；监控	提高运营效率；降低成本；改善客户体验	功能价值（收入）和象征价值（声誉）
5	Apixio	医疗保健	OCR 技术；自然语言处理；Hadoop 和 Spark；AWS	HCC Profiler；实时大数据分析；预测分析；规范性分析；数据可视化	发现；个性化医疗；个人护理	降低医疗保健费用；快速有效地诊断；应用基于证据的医学和进行患者护理	功能价值（有效性）和象征价值（声誉）

13.5　构建大数据分析能力面临的挑战

图 13.8　构建大数据分析能力面临的挑战

在构建大数据分析能力的过程中，数据管理将带来许多挑战，如图 13.8 所示。

13.5.1　数据质量

记录的数据经常带有噪声、不完整或存在缺陷，这为大数据分析带来了严峻的挑战。因此，为了应用分析技术，必须进行彻底的数据清洗和预处理。另外，数据的持续指数级增长使企业难以验证数据的可靠性。在大数据分析中，与数据的容量、速度和多样性相比，数据的真实性被认为是最严峻的挑战。企业鼓励客户参与调查、撰写评论和提供反馈，这有助于产品的发展或创新。然而，20%～25% 的购物调查结果是虚假的。因此，清洗和预处理数据以排除数据中的杂质与异常是至关重要的。大数据分析的价值在很大程度上取决于数据的质量。

除了数据真实性，数据的多样性也是构建大数据分析能力的一项重大挑战。企业从多个来源接收异构数据，这使得整合数据并实时生成有用的商业洞察变得非常困难。因此，企业需要建立一个强大的数据管理系统，以处理各种数据类型，进行持续的按需数据分析，并产生可供商业决策者使用的商业洞察。

数据安全也是构建数据资产时的一项重大挑战。企业必须预见每种类型的数据泄露，并设计系统以实时检测这些泄露，从而最小化其负面影响，构建高度安全和强大的数据管理系统。

组织可以部署三种类型的分析能力：理想型、经验型和转型型。理想型分析能力主要关注运营效率并寻找降低成本的方法。组织分析能力不仅关注成本削减，还设计有效的方法来收集、整合数据，并生成用于业务优化的商业洞察。

构建大数据分析能力的挑战不仅包括技术问题，还包括如何组织及维护人力资本和组织文化，以便为此类倡议提供支持。组织需要培养一群具有强大大数据分析技能的高度积极的个体，以充分利用大数据分析的巨大潜力。

13.5.2　管理挑战

管理挑战主要涉及组织领导力和战略，这些因素可能阻碍大数据分析的成功实施。企业必须拥有积极的领导力，并与战略目标保持一致，以确保成功。领导力还应能够明确成就的定义，并提出正确的问题以实现这些成就。组织文化和管理也是创造有利于大数据分析成功的环境的一个重要挑战。数据驱动的决策文化和管理，以及对数据的问责和责任感，是大数据分析创造商业价值的两大驱动力。大数据分析的成功实施需要对数据收集和分析进行集中治理，使组织能够应用统一的标准、方法、工具和协议[27]。

13.5.3 大数据分析价值评估

2016 年，Gartner 对 IT 和商业专家进行的一项关于大数据投资回报率的调查显示，很大一部分（38%～43%）受访者不确定他们的投资回报率是正还是负[28]。确定和评估大数据分析的商业价值对企业来说是一项重大挑战。组织在决定和衡量大数据分析的投资回报率时应该谨慎，并分析大数据分析与商业成果之间的联系。这要求适当地将数据、分析和业务流程映射到理想的商业成果上，并衡量这些成果的实现效果[29]。

13.6 结论

在当今技术驱动的现代化世界中，转型已成为提升业务绩效和客户体验的常用手段。大数据、商业分析、物联网和商业智能是当前吸引商业领袖关注业务转型的最新工具。数字革命正在以各种方式改变世界，改变我们沟通、互动和消费产品及服务的方式。组织被迫进行转型以提高业务敏捷性、创新性和品牌价值。从过去的研究来看，技术转型的投资已经证明随时间的推移能够带来巨大的财务收益。

大数据分析是利用统计和分析工具处理海量数据，以适应不断变化的客户需求，并创造及维持竞争优势的一种方法。大数据分析使企业能够挖掘数据潜力，识别新的商机。这有助于企业做出更明智、更迅速的商业决策，提高运营效率，增加盈利能力，并提升客户满意度。许多企业正在对大数据分析进行大量投资，并处于转型模式，利用大数据分析指导其决策，以取得更好的商业成果。然而，大数据分析的成功不仅取决于技术，而且在很大程度上取决于使用大数据分析来获得关键商业战略价值，并保持公司的竞争力。商业决策者在采用大数据分析之前需要评估其产生商业价值的潜力。这种商业洞察力应该在功能和象征层面上都对组织有益。

概念框架为商业领袖提供了一个详细的路线图，用于采用大数据分析进行价值创造。该框架描绘了能力构建过程和能力实现过程两个重要阶段。前者侧重于大数据分析基础设施和能力建设，后者针对价值创造机制。框架中展示了六种价值创造机制，从而将结果转化为可以对决策制定、流程改进、客户维系或其他目标产生积极影响的行动。大数据分析的成功实施在很大程度上取决于组织的领导力和数据驱动文化。企业需要建立流程、治理结构和团队，并增强数据技能。本章讨论了几个成功的大数据分析实施的案例，涵盖了不同的工业领域。

总之，大数据分析是一个强大的工具，用于推进企业转型，以实现战略商业价值。组织需要投资大数据分析基础设施和分析能力，以及熟练的分析师和战略定位，以发现新的数据驱动的商业机会。

本章原书参考资料

1. Ayres, R. and Williams, E., The digital economy: Where do we stand? *Technol. Forecast. Soc. Change*, 71, 4, 315–339, 2004.

2. Basu, K. K., The Leader's Role in Managing Change: Five Cases of Technology- Enabled Business Transformation. *Glob. Bus. Organ. Excell.*, 34, 3, 28–42, 2015.

3. Benes, R., *Are Marketers Leveraging Facebook?—eMarketer Trends, Forecasts & Statistics*, 2019.

4. Chen, C. and Storey, Business Intelligence and Analytics: From Big Data to Big Impact. *MIS Q.*, 36, 4, 1165, 2012.

5. Costigan, S., Isaac Sacolick: Driving Digital: The Leader's Guide to Business Transformation Through Technology. *Publ. Res. Q.*, 34, 2, 310–311, 2018.

6. Davenport, T. and Dyché, J., *Big Data in Big Companies*, International Institute for Analytics, 2013.

7. Fisher, D., DeLine, R., Czerwinski, M., Drucker, S., Interactions with big data analytics. *Interactions*, 19, 3, 50, 2012.

8. George, G., Haas, M. R., Pentland, A., Big data and management. *Acad. Manage. J.*, 57, 2, 321–326, 2014.

9. Grover, V., Chiang, R., Liang, T., Zhang, D., Creating Strategic Business Value from Big Data Analytics: A Research Framework. *J. Manage. Inf. Syst.*, 35, 2, 388–423, 2018.

10. Groves, P., Kayyali, B., Knott, D., Van Kuiken, S., *The "big data" revolution in healthcare:*

Accelerating value and innovation, 2013.

11. Hare, J. and Heudecker, N., *Survey Analysis: Big Data Investments Begin Tapering in 2016*, 2016.

12. Hewage, T., Halgamuge, M., Syed, A., Ekici, G., Review: Big Data Techniques of Google, Amazon, Facebook and Twitter. *J. Commun.*, 13, 2, 94–100, 2018.

13. IBM, *Big Data Analytics*, 2013.

14. InGRAM, *6 Big Data Use Cases in Retail*, 2017.

15. Kohli, R. and Grover, V., Business Value of IT: An Essay on Expanding Research Directions to Keep up with the Times. *J. Assoc. Inf. Syst.*, 9, 1, 23–39, 2008.

16. Kumar, R., A Framework for Assessing the Business Value of Information Technology Infrastructures. *J. Manage. Inf. Syst.*, 21, 2, 11–32, 2004.

17. Loebbecke, C. and Picot, A., Reflections on societal and business model transformation arising from digitization and big data analytics: A research agenda. *J. Strategic Inf. Syst.*, 24, 3, 149–157, 2015.

18. Manyika, J., Chui, M., Brown, B., Bughin, J., Dobbs, R., Roxburgh, C., Byers, A. H., *Big data: The next frontier for innovation, competition, and productivity*, McKinsey Global Institute, McKinsey & Company, 2011.

19. Mikalef, P., Pappas, I., Krogstie, J., Giannakos, M., Big data analytics capa-bilities: A systematic literature review and research agenda. *Inf. Syst. e-Bus. Manag.*, 16, 3, 547–578, 2017.

20. NOIE, *Productivity and organisational transformation: optimising investment in ICT. NOIE Canberra (Book, 2003)*.

21. Park, E., Ramesh, B., Cao, L., Emotion in IT Investment Decision Making with A Real Options Perspective: The Intertwining of Cognition and Regret. *J. Manage. Inf. Syst.*, 33, 3, 652–683, 2016.

22. Qiao, Z., Zhang, X., Zhou, M., Wang, G. A., Fan, W., A domain oriented LDA model for mining product defects from online customer reviews, in: *50th Hawaii International Conference on Systems Sciences*, Waikoloa, Hawaii, pp. 1821–1830, 2017.

23. Sharda, R., Delen, D., Turban, E., *Business intelligence and analytics*, Pearson Education Limited, New York, 2014.

24. Sheng, J., Amankwah-Amoah, J., Wang, X., Technology in the 21st century: New challenges and opportunities. *Technol. Forecast. Soc. Change*, 143, 321–335, 2019.

25. Soh, C. and Markus, M. L., How IT creates business value: A process theory synthesis, in: *International Conference on Information Systems*, ICIS 1995 Proceedings 4, Amsterdam,

NL, pp. 29–41, 1995.

26. Verma, N. and Singh, J., An intelligent approach to Big Data analytics for sustainable retail environment using Apriori-MapReduce framework. *Ind. Manage. Data Syst.*, 117, 7, 1503–1520, 2017.

27. Vidgen, R., Shaw, S., Grant, D., Management challenges in creating value from business analytics. *Eur. J. Oper. Res.*, 261, 2, 626–639, 2017.

28. Wang, P., Chasing the Hottest IT: Effects of Information Technology Fashion on Organizations. *MIS Q.*, 34, 1, 63, 2010.

29. Wang, Y., Kung, L., Byrd, T. A., Big data analytics: understanding its capabil-ities and potential benefits for healthcare organizations. *Technol. Forecast. Soc. Change J.*, 126, 3–13, 2018.

第 14 章
物联网趋势

桑尼·普里提 [*]、伊班加·克佩雷邦

摘要：物联网的出现提高了工作效率，极大地提升了生活的便利性。在物联网中，传感器和执行器被安装在实体对象上，并通过有线或无线技术进行连接。传感器接收来自用户的信息，而执行器则将这些信息转换并传递给计算系统，以生成输出并进行相应的处理。物联网的案例包括健康设备、智能活力计、LIFX 智能灯泡等。物联网的设计模式非常精细，因此，它将在创新领域引发重大变革。

关键词：物联网趋势、医疗保健、环境监测、PIG、智能蜂箱、HBase、非关系型数据库、自动驾驶

14.1 物联网的架构

尽管物联网被视为一个新兴的领域，其涉及多种方法论。值得注意的是，物联网这个概念的表面复杂性与其提供的解决问题的潜在价值无法相提并论，这些解决方案在当今世界具有不可估量的价值。许多信息技术解决方案提供商利用包含这一概念的框架。例如，现在的健康监测组织使用有序的工具来测量涡轮机中的感应数据，提供信息以供注册系统使用，这些系统对设备进行分析，以便协助预测其运行时长及何时需要进行维护。飞轮电机制造商使用传感器来获取各种读数，如温度及不同状态，以提高效率。桶装运输企业采用传感器测量温度，以便在运输过程中，如果温度开始上升，则加快运输速度。这不仅加强了消费者的忠诚度，同时也避免了商品的损耗。物

---

*PDM 大学计算机科学应用系，邮箱：sunnypreety83@gmail.com。

联网无疑在许多领域开辟了大量新的可能性，其中某些可能尚未获得 IT 领域先行者的认可。

物联网解决方案架构分为四个阶段（见图 14.1），具体如下。

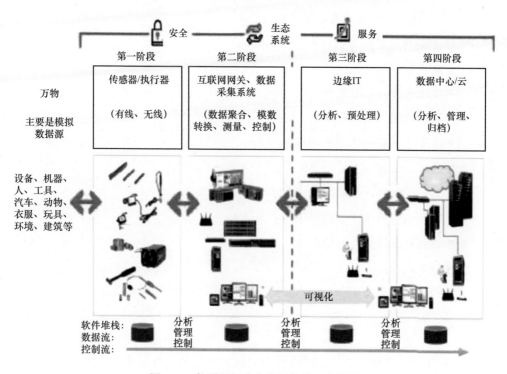

图 14.1　物联网解决方案架构的四个阶段

第一阶段——传感器和执行器：这是架构中的第一层，也是物理层。其包括一个有序的网络化设备，包括远程传感器和执行器。传感器用于从环境中收集数据，而执行器则能够改变环境的现有条件。

第二阶段——互联网网关和数据采集系统：这一阶段涉及通过传感器收集系统获取信息及数据的转换。收集的数据通常以模拟形式存在，需要转换为数字形式。这一阶段的实施确保了实时数据的收集，并且设计的设备具有数据管理、分析和安全等功能。

第三阶段涉及使用边缘 IT 框架对发送到云端的信息进行分析和预处理。其与前一阶段直接相关，因为处理的数据来源于上层。边缘 IT 框架至关重要，因为所收集的数据可能非常庞大，可能会占用大量网络带宽，因此其有助于减轻中心基础设施的负担。

第四阶段是最后的阶段，确保对信息进行适当的研究，并且对其进行管理和放置在熟悉的后端服务器架构上。传感器/执行器的状态反映了运营技术创新（OT）领域的专家工作。

以下是对一些新兴物联网趋势的概述。

- 涵盖大数据问题。
- 使用边缘计算处理数据。
- 对智能家居的高需求。
- 人类服务对物联网的依赖。
- 通过人工智能保护信息安全。
- 通过区块链保护物联网安全。
- 物联网集成用于智慧城市。
- 通过物联网提升分析性维护水平。
- 分布式计算在未来物联网中的作用。
- 物联网安全意识和培训。

14.1.1　利用物联网解决大数据问题

在当今的组织中，对数据的重视是至关重要的，我们不能忽视对数据的处理和利用进行适当审视。在审视物联网设备市场时，Gartner 当时预测，到 2020 年，物联网设备的数量将激增至约 260 亿个 [1]。因此，我们需要关注大数据的四个关键原则：

（1）如何扩大数据的规模？

（2）如何加快数据变化的速度？

（3）如何增加数据结构和类型的多样性？

（4）如何确保信息的准确性？

物联网在管理大数据的三个关键维度——容量、多样性和速度——中起着至关重要的作用。

- 容量：与传统数据源相比，产生的数据量。
- 多样性：数据的类型，具有不同的来源，由不同的人和系统生成。

- 速度：数据生成的速率。

14.1.2　大数据工具和分析方法

在处理和解释大量的物联网数据及其带来的挑战时，我们采用了多种策略和工具，包括大数据技术、中间件、信息融合方法、分布式计算、传感器网络和语义分析等。我们还拥有能够理解并处理物联网信息和分析问题的系统与流程。图 14.2 展示了 Apache Hadoop 生态系统，这是一个广泛用于处理和分析大数据的框架。

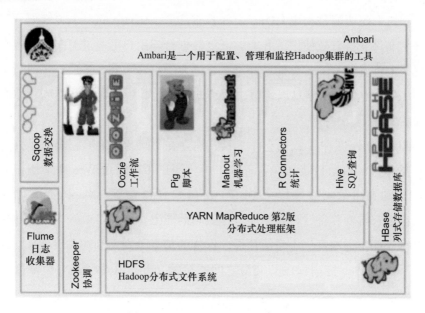

图 14.2　Apache Hadoop 生态系统

Apache Hadoop：其是由 Apache 软件基金会于 2006 年开发的一套开源软件框架，这些框架能够存储数据，提供处理能力以应对庞大的数据处理任务，并能够处理虚拟的并发任务或作业。其设计用于补充信息处理，通过计算节点来加速计算过程并隐藏不活跃的计算资源。该框架包括两个基本组件：核心部分被称为 Hadoop 分布式文件系统（HDFS），处理部分被称为 MapReduce 引擎。

MapReduce 引擎：其是一个为广泛的编程模型而开发的框架，用于在基于 Java 编程语言构建的分布式计算机上处理大量数据。其包含两个主要功能，即 Map，评估一组数据并将其转换为另一组数据；Reduce，接收 Map 的结果，并将此类数据元组简化为更小的集合。尽管 MapReduce 主要用于计算，但它代表了技术的最新进展。为了完全优化 MapReduce，除了计算，还需要实现其他功能。必须使用多种工具或技术，以便它能够有效地处理大数据 [2]。

HBase：HBase 是一个分布式列式存储数据库框架，它的结构类似于 BigTable 的初始设计，用于在访问大量结构化数据时提供快速的随机访问。HBase 的主要功能是利用 HDFS 中的容错能力。HBase 的一个关键部分是确保其主文件获得有效使用，并能够恢复数据行。用户可通过 HDFS 直接存储数据，也可通过 HBase 存储，并可以通过 HBase 在 HDFS 中进行随机读写操作。HBase 中存储的信息以键值对的形式保存，其中非键部分的列可以具有不同的属性 [3]。

Hive：Hive 是一个数据仓库工具，建立在 HDFS 之上。它是一个强大的大数据分析、数据封装和即席查询工具。用户可以通过 Web 图形用户界面（GUI）和 Java 数据库连接（JDBC）接口与 Hive 交互。MapReduce 的核心思想在于它需要具备设计和实施工作策略的能力。该框架被认为是 HDFS 的重要组成部分，并且位于系统顶层，即作为信息分发中心的关键架构。Hive 平台不处理 Web 应用程序和交易之间的持续交互。其背后是一个复杂的策略 [4]。

Pig：Pig 也是 Hadoop 生态系统中的一个重要工具，其提供了一种额外的数据库，以提高生产力。在 Pig 中，表是由元组组成的集合，每个字段可以包含多个元组。Pig 拥有一种被称为 Pig Latin 的过程性数据流语言，主要用于编程。Pig Latin 提供了 SQL 的所有基本概念，包括连接、排序、投影和聚合。与 MapReduce 系统相比，Pig 提供了更高的抽象级别，Pig Latin 查询可以转换成一系列的 MapReduce 作业 [5]。

Mahout：Mahout 是 Apache Lucene 的一个子项目，于 2008 年启动，是一个开源框架，主要用于开发可扩展的机器学习算法。其实现了协同过滤、聚类、分类等机器学习技术。

NoSQL：NoSQL 代表非 SQL 或非关系型数据库，它提供了一种用于检索和存储数据的机制，通常用于非关系型数据库。NoSQL 数据库有多种形式，包括键值对、分区数据库和图形数据库，它们允许软件工程师根据应用程序的结构展示信息。由于互联网的普及和数据存储的开放性，大量的结构化、半结构化和非结构化数据被收集与存储，用于各种用途。这些数据通常被称为大数据。Google、Facebook、Amazon 等企业使用 NoSQL 数据库 [7]。

BigTable：BigTable 的开发始于 2004 年，目前被许多 Google 应用程序使用，如 MapReduce。其通常用于生成和修改存储在 BigTable 中的信息，如 Google Reader、Google Maps、Google 图书搜索、Google Earth、Google 代码托管、Orkut、YouTube 和 Gmail。Google 开发自己的数据库是为了获得更大的灵活性和更好的性能控制。BigTable 通过分布式数据存储模型扩展了数据读取方式，该模型依赖列式存储来提高数据检索效率。

14.2 医疗保健对物联网的依赖性

物联网在数字化时代取得了新的成就，使得物理设备能够相互通信并在无须人工干预的情况下自主工作。这些设备被称为智能设备，可以通过安装在智能手机上的应用程序或简单的语音命令来控制。物联网可以应用于任何支持物联网的现代电子设备。为了实现物联网功能，这些设备内嵌了网络芯片，以便实现远程访问和控制 [8]。医疗设备可以根据外部因素，如温度、时间、光线等，或来自其他医疗物联网设备的内部信号进行定制响应。物联网在医疗保健领域的应用非常广泛，并且正迅速融入我们的日常生活。物联网在医疗保健中最重要的应用是其在人类服务方面的应用。利用医院中的物联网医疗服务设备或智能医疗设备，医疗工作者能够远程监控患者，这使对患者的持续观察成为可能，进而提升了所提供治疗的质量。

14.2.1 改进的疾病管理

物联网使医疗设备能够实时监控患者，确保不会遗漏任何与患者状态相关的信息，如心率、血压、体温等。这有助于更准确地诊断疾病。即使医生或护士不在患者身边，患者的病情也可以通过医疗应用程序远程监控。此外，物联网医疗设备是相互连接的，可以根据需要提供即时帮助[9]。

物联网医疗设备可以设定高阈值和低阈值。当任何一个临床设备检测到连续的数值超出这些阈值时，它会自动激活另一个相连的医疗设备，以协助调节患者的病情。同时，这也会触发医生、护士或监护人手机上应用程序的警报。这样的设置确保了在医院的重症监护室中，患者能够得到必要的持续医疗援助[10]。

14.2.2　远程健康监测

物联网设备还可以远程监测患者的健康状况。即使患者不在医院，智能设备也能持续收集数据。例如，一种可穿戴设备可以被戴在手腕上，监测心率、血压和体温。这些设备的高阈值和低阈值可以设置在特定水平，一旦达到这些水平，就会在患者或监护人的手机应用程序上发出警报，确保患者能够及时获得必要的医疗关注。

14.2.3　连接的医疗保健与虚拟基础设施

物联网医疗设备收集的数据存储在云端，这简化了数据的存储和访问操作，便于将来的参考或远程分析。此外，由于智能设备持续收集的数据可以通过互联网在任意地方访问，远程医疗服务成为可能（见图14.3）。这意味着，即使专家不在患者身边，他也能够远程监控和准确分析患者的病情，从而提供必要的帮助。目前，患者不必身处医院，即使在家也能通过由物联网医疗设备实现的虚拟医院获得所需的医疗服务。物联网设备可以极大地帮助那些在缺乏合适医院和工作人员的地区的人[11]。物联网设备不仅在医疗行业发挥着巨大作用，也推动了其他行业的发展。为了构建物联网设备，需要开发一个物联网应用程序，确保患者和医生能够安全、合理地使用。通过远程访问医院应用程序，医生和护士可以监控及分析疾病，提供必要的基础医疗保健服务[12]。

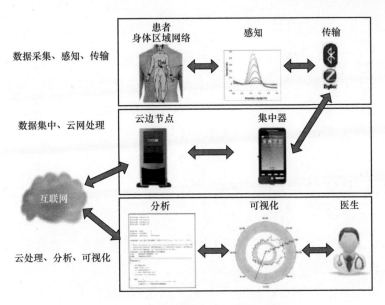

图 14.3　基于物联网的远程医疗服务

14.2.4　精确数据收集及其可用性

患者持续的自动化监测确保了精确的数据收集，排除了人为错误的可能性。这有助于提高对患者状况的分析能力，从而能够做出正确的诊断和提供精确的治疗。此类数据还可以存储起来，供将来参考。如果医生需要查看患者的病历，他可以通过物联网云访问这些信息，以更好地理解患者的病情。在紧急情况下，当需要迅速获得帮助，而没有足够时间联系家人了解患者的既往病史和过敏情况时，这一点尤其重要。访问物联网数据可以快速提供所需信息，提高患者所需的临床护理水平。物联网医疗设备还帮助医生进行患者病情绘图。这项工作在以前可能需要花费数小时才能完成，然而，借助新技术，现在可以在几小时内通过简单的语音指令完成[13]。

14.2.5　药物管理

物联网引入了会说话的设备，帮助患者记住他们需要按时服用的药物。这有助于药物的及时分发，特别是对于患有高血压、糖尿病、阿尔茨海默病等慢性疾病的老年人[14]。

14.2.6 紧急情况

通过物联网可穿戴设备对患者进行远程监测，可持续跟踪其健康状况。如果患者出现需要立即医疗干预的迹象，系统会向医院或监护人发出警报，确保患者能够及时获得紧急医疗照顾。这在关键时刻是至关重要的，因为时间对于提供正确治疗、避免并发症和降低风险至关重要[15]。

14.3 智能家居的高需求

目前，家庭自动化在我们的生活中扮演着越来越重要的角色。家庭自动化允许用户通过计算机控制家中的设备，并根据时间或传感器读数（如光线、温度或声音）自动执行任务。家庭自动化系统减少了人为干预，提高了能源效率并节省了时间。这项技术的目的是使我们周围的设备自动化，使我们能够控制它们，并在紧急情况下为我们提供帮助。其通过与不同技术协作，促进了多个实体之间的通信。物联网技术通过改进网络，有效地收集和分析来自各种传感器及执行器的数据，然后将这些数据通过无线连接发送到手机或计算机上。物联网的构建在过去几十年中取得了显著进展，因为它在信息和通信技术领域开创了一个新的时代。随着中断的可能性日益增加，安全已成为当今的一个主要问题。家庭安全系统的主要需求是防止入侵、盗窃、火灾和燃气泄漏。总体而言，对解决安全问题的日益关注预计将推动对智能和互联的家庭需求的增长。家庭计算机化和智能家居是两个不确定的术语，通常用来描述一系列用于家庭中监视、控制和自动化功能的解决方案。智能家居系统依赖一个手机应用程序或网页界面作为用户界面，以便与数字化的家居控制系统进行交互。这项研究的范围包括分析可以通过开关、时钟、传感器和遥控器控制的设备，以及其他控制设备[16]。

智能家居的关键趋势如下。

- 智能供暖、通风、空调和制冷（HVACR）系统对于家庭环境控制至关重要。它们包括智能恒温器、传感器、控制阀、智能执行器、空调系统和智能地暖器等不同的系统。全球范围内，由于发达国家和发展中国家的政府指导方针的增加，大多数新建筑都需要更智能的供暖和制冷系统，从而推动了 HVACR 系统的发展。

- 现有客户不仅需要无障碍的 HVACR 系统产品，还要求在同一套系统中整合不同的解决方案，特别是能源管理。这种趋势表明，市场上的参与者需要实现它们以前认为超出其领域的功能，或者提供方便地将不同产品连接到平台 / 生态系统的可能性。

- 能源节约主要通过自动散热器控制来实现。对高效供暖设备的需求导致了对自动散热器控制日益增长的需求，使其成为全球 HVACR 设备市场的主要推动者之一。供暖设备以经济的方式提供必要的供暖条件[17]。

14.3.1 家庭自动化系统的优势

Wi-Fi 在家庭系统组织中变得越来越普遍。在家庭和建筑自动化框架内，无线技术的使用带来了一些有线系统无法比拟的优势。

（1）降低安装成本：由于无须布线，安装成本显著降低。有线系统需要布线，不仅材料成本高，而且专业布线敷设的费用也很昂贵。

（2）系统灵活性和易于扩展：无线系统特别有利于需要根据新需求或变化对系统进行扩展的情况。有线系统的布线扩展工作烦琐重复，而无线系统则是一种一次性投资。

（3）审美优势：无线系统除了能覆盖更广的区域，还有助于满足审美要求，特别是在全玻璃结构的现代建筑或出于设计考虑不允许布线的历史悠久的建筑中。

（4）移动设备的集成：无线系统允许随时随地连接移动设备（如智能手机和平板电脑），设备的物理位置不再是连接的限制[18]。

14.3.2 利用物联网实现智慧城市

物联网利用多种服务在全球范围内支持智慧城市解决方案。它为远程监控和管理设备、基于从连续交通信息流中获取的数据进行分析和采取行动提供了新的机会。因此，物联网正在通过升级基础设施、创建更高效和成本效益更高的公共服务、减少交通拥堵、改善居民安全来改变城市。为发挥物联网的最大潜力，智慧城市建筑师和供应商意识到，城市不应只提供单一的智能功能，而应提供灵活、安全的物联网网络，整合有效的物联网系统。

14.3.3 智慧城市的物联网应用

考虑将物联网概念应用于城市环境是很有意思的尝试。许多国家级政府正在考虑和规划如何在公共行政中采用信息通信技术（ICT）解决方案，以实现智慧城市理念[19]。

14.3.4 建筑适应性

为了适当维护城市的历史建筑，我们需要持续监测每个建筑的实际状态，并识别受各种外部因素影响最大的区域。城市中有许多不同大小和年龄的建筑，大多数是老旧的（如建筑物、水坝或桥梁）。

为了评估结构状态，可以在坚固的建筑内嵌入被动无线传感器网络，并定期发送无线信号，以报告结构状态。

14.4　环境监测

无线传感器网络收集、分析并传播来自不同环境的数据。传感器测量的参数包括：湖泊、河流、污水的水位；城市社区、实验室和商店中的气体浓度；土壤湿度及其他特性；桥梁、水坝等静态结构的倾斜度，以及滑坡等；还有照明条件，无论是作为综合检测的一部分还是单独的，监控系统都可在暗处识别中断[20]。

14.5　废物管理

废物管理是城市生活日益关注的问题，涉及经济和环境等多个方面。废物管理的一个关键要素是环境可持续性。全球物联网系统的一个重要优势是它们提供了收集数据的能力，进一步帮助实现对各种问题的有效管理。如今，垃圾车需要收集所有垃圾箱中的垃圾，即使这些垃圾箱并未装满。通过在垃圾箱内使用物联网设备，将这些设备通过 LPWAN 技术与计算服务器关联，计算服务器可以收集数据并优化垃圾车的垃圾收集方式。

14.6 智能停车

每个停车位都装备了远程传感器或相关设备。当车辆离开停车位时，传感器会向管理服务器发送警报。服务器收集有关停车位占用的信息，通过智能手机、车辆的人机界面（HMI）或广告牌等向驾驶员提供停车位信息。这些数据还能使城市管理部门在停车违规的情况下施加罚款。RFID 技术是自动化的，并且对于车辆识别系统非常有价值。使用 RFID 技术，可以自动进行车辆识别和收缴停车费，可以实现障碍物、停车区域登记和登记控制。目前，与人工操作的传统停车场不同，可以开发一种自动化的无人车辆控制系统和识别框架，并用于车辆自组织网络（VANET）。随着远程通信技术的发展和普及，众多主要汽车制造商和通信企业正在为它们的车辆配备先进的车载单元（OBU）设备，以实现这一目标。这使得各种车辆能够相互交流，也能与路边的基础设施进行通信。因此，可以通过车辆间的通信技术来实现能提供停车空位信息或引导驾驶员到空闲停车位的应用程序。

14.7 城市公交网络系统

城市公交网络（UBN）基于物联网技术，利用了大量分布的软件和硬件组件，这些组件与公交系统紧密结合。西班牙马德里的 UBN 由三个核心部分组成：

（1）配备 Wi-Fi 的城市公交车。

（2）供公交乘客使用的 UBN 导航应用程序。

（3）公交客流数据服务器，它收集在马德里各路线上运行的公交车的实时乘客数据。

14.8 自动驾驶

在智慧城市中，自动驾驶技术将帮助用户节省时间。这项技术不仅能增大某一区域的交通流量，还能通过让车辆紧密停放，节省近 60% 的停车空间。"自动驾驶汽车"将能够以 30～50km/h 的速度自主行驶，如法国制造商雷诺的 Next Two 自动驾驶车型。2017 年，沃尔沃计划在伦敦和中国一些城市的真实交通高峰时段测试一百辆自动驾驶车辆。通过在车辆周围安装的雷达、摄像头和超声波传感器，自动驾驶车辆能够识别周围环境并自动启动紧急制动系统以预防事故。交通系统的智能化能够实现实时计算最佳路线，通过连接不同的交通模式来节省时间并减少碳排放，从而快速处理智慧城市的网络和交通问题。物联网将整合大量需要远程访问的设备。此外，每个设备都会生成内容，任何授权用户可检索此类内容，无论他们身处何地。为实现这一目标，必须实施有效的寻址策略。目前，IPv4 是最广泛使用的协议。然而，IPv4 地址的可用数量正在迅速减少，不久将无法提供新的地址。因此，我们需要采用其他寻址策略。

IPv6 是 IPv4 的最佳替代方案。近期有许多研究致力于将 IPv6 与物联网结合。例如，6LoWPAN 描述了如何在无线传感器网络环境中实现 IPv6 协议。即便如此，RFID 标签采用的是标识符而非 MAC 地址（这是由全球 EPC 标准组织规定的），因此，开发新的机制以支持在基于 IPv6 的系统中对 RFID 标签进行寻址至关重要。

本章原书参考资料

1. Aggarwaal, C. C., Navin, Sheeth, A., The Internet Of Things: A Survey From The Data-Centric Perspective, in: *Managing And Mining Sensor Data*, pp. 384–428, 2013.

2. Blazhievsky, S., Introduction to Hadoop, MapReduce and HDFS for Big Data Applications. *SNIA Education*, 2013.

3. Silberstein, E., Residential Construction Academy HVAC, chapter 7, *Delmar Cengage*

Learning, 2nd edition, pp. 158–184, 2011.

4. Handtte, S., Kortueem, G., Marón, P., *An Internet-of-Things Enabled Connected Navigation System for Urban Bus Riders*, 1–1, 2016.

5. Hossain, M., Shahjalal, Md, Nuri, N., Design of an IoT-Based autonomous vehicle with the aid of computer vision, 752–756, 2017.

6. Singh, K. and Kaur, R., Hadoop: Addressing Challenges Of Big Data, pp. 686–689, 2014.

7. Khana, A. and Anaand, R., IoT-Based Smart Parking System, *IJRTE* (IoT- Based Smart Parking Management System), 7, 374–378, 2016.

8. Obaidata, M. S., and Nicoplitidis, P., *Smart cities and homes: Key enabling technologies*, pp. 91–108, 2016.

9. Lamonaca, F., Carnì, D. L., Spagnuolo, V., Grimaldi, G., Bonavolontà, F., Liccardo, A., Moriello, R. S. L., and Colaprico, A., A New Measurement System to Boost the IoMT for the Blood Pressure Monitoring. In *2019 IEEE International Symposium on Measurements & Networking (M&N)*, pp. 1–6. IEEE, 2019.

10. Waste Management using Internet-of-Things (IoT). *IEEE*, 2518–2522, 2019.

11. Raju, L., Sobana, S. and Ram, G., A smart information system for public transportation using IoT. *IJRTER*, 3, 222–230, 2017.

12. Sastra, N. P. and Wiharta, D., Environmental monitoring as an IoT applica-tion in building smart campus of Universitas Udayana. *IoT-based smart secu-rity and home automation system*, 85–88, 2016.

13. Kodali, R. K., Jain, P., Bose, S., Boppana, L., IoT-based smart security and home automation system. *2016 International Conference on Computing, Communication and Automation (ICCCA)*, Noida, 2016, pp. 1286–1289, 2016.

14. Kodali, R., Swammy, G., Lakshmmi, B., An implementation of IoT for healthcare. *2015 IEEE Recent Advances in Intelligent Computational Systems (RAICS)*, Trivandrum, 2015, pp. 411–416, 2015.

15. Mishra, V. and Naaik, Mkp., Use of wireless devices and IoT in management of diabetes. Use of Wireless Devices And IoT in Management of Diabetes conference paper (*ETSTM-2017*) vol-3, 2017.

16. Park, K., Park, J., Lee, J., An IoT System for Remote Monitoring of Patients at Home. *Appl. Sci.*, 7, 260, 2017.

17. Nogueira, V. and Carnaz, G., An Overview of IoT and Healthcare, 2019.

18. Di Mauroo, A., Di Narrdo, G., Venticiinque, S., An IoT System for Monitoring and Data Collection of Residential Water End-Use Consumption, IEEE, 2019.

19. Mamboou, E. N., Nlom, S. M., Swart, T. G., Ouahada, K., Ndjiongue, A. R., and Ferreira, H. C. Monitoring of the medication distribution and the refrigeration temperature in a pharmacy based on Internet of Things (IoT) technology, *2016 18th Mediterranean Electrotechnical Conference, IEEE (MELECON)*, Lemesos, 2016, pp. 1–5, 2016.

20. Rathore, M. M., Ahmmad, A., Paull, A., Wan, J., Zhang, D., Real-time Medical Emergency Response System: Exploiting IoT and Big Data for Public Health. *J. Med. Syst.*, 40, 10, 2016.

第 15 章
物联网：促进商业增长

特拉普提·阿加瓦尔[*]、古尔乔特·辛格、
舒布哈姆·普拉德汗、维卡斯·维尔马

摘要：物联网，即"万物相连"，是一项不断发展的技术，它不仅增强了人类的能力，也推动了当今商业的发展。产品正在向智能产品转型，这一趋势带来了商业的指数级增长。物联网是我们迈向人工智能的第一步，它在商业增长中扮演着至关重要的角色。本章将探讨物联网在促进商业增长方面的作用，同时简要介绍物联网的商业架构。架构是任何技术基础设施的基石，了解其工作流程对于深入理解至关重要。本章还将对物联网商业工作流程进行阐述，以提供更全面的视角。任何一个概念如果不包含其所面临的挑战，都是不完整的。了解在实施物联网解决方案过程中可能遇到的短板或障碍是十分必要的。对这些挑战的深入分析可能激发新的增长策略，并揭示物联网未来在商业领域的发展前景。

关键词：物联网、数字化企业转型、智能技术

15.1 引言

简而言之，物联网就是通过互联网连接的所有电子设备。它是一种智能的连接方式，不仅连接了人与人，也连接了整个社会。物联网进一步连接了消费者，从而也连接了商业。物联网已经成为一个被广泛讨论和熟悉的技术，极大地推动了商业的发展[1]。

在过去四十年里，我们见证了翻天覆地的变化（见图15.1），数字化成

---

* 玛哈里希信息技术大学数据科学学院，邮箱：trapty@gmail.com。

了这一时期的主要催化剂。

20世纪80年代的手表　　　　　　2020年的手表

20世纪80年代的电话　　　　　　2020年的移动电话

图 15.1　电子设备发生了翻天覆地的变化

20 世纪 80 年代的手表是简单机械手表，当前的手表是物联网电子手表，我们看到了技术的突飞猛进。当前的手表通过互联网让你与所有其他电子设备相连。它不仅是一个智能手表，还能提供你的健康统计信息。20 世纪 80 年代主要用于通话的电话，如今已经发展为功能全面的智能手机。智能手机不只用于通话，还用于各种通信目的。它让你以各种方式与社会保持连接 [2]。它能够连接你家中的所有电子设备，还能连接全家人的健康数据，并且拥有许多其他的功能。简而言之，世界掌握在你的手中。我们通过互联网使用和共享数据。

随着全球万物互联，只需一键即可获取信息，商业因此以指数级的速度增长。数据无处不在，正通过互联网被广泛收集、分析和应用。

15.2　物联网在商业增长中的作用

物联网是我们迈向人工智能的第一步。它是商业向人工智能发展的主要因素 [3]。

当物联网与数据科学结合时，便催生了人工智能（见图 15.2）。人工智能代表着未来。

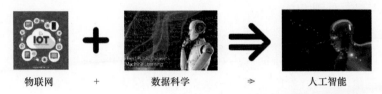

| 物联网 | + | 数据科学 | ⇒ | 人工智能 |

图 15.2 物联网与数据科学催生人工智能

15.2.1 物联网的架构

全球物联网使用了多种架构。下面将讨论物联网的一些基本架构。

1. 三层架构

此类架构在物联网研究的早期阶段引入[4]。其由应用层、网络层和感知层组成（见图 15.3）。

图 15.3 物联网三层架构

应用层：应用层的主要职责是提供服务，即特定于应用的服务。它负责管理所有物联网可以部署的应用，如智能手机、智能电视、智能健康等。

网络层：网络层包括网络设备、服务器或其他智能设备。它负责连接这些设备或对象。换句话说，网络层用于传输或处理感知数据。

感知层：也称为物理层。传感器是这一层的主要构成部分。此类传感器通过感知收集有关环境的数据或信息。其感知或识别环境中的一些物理对象。

2. 四层架构

三层架构是物联网的基本架构[4]。研究人员希望对此进行更详细的研究。进一步的研究促成了四层架构的发展。该架构由传感器和执行器、互联网网关和数据采集系统、边缘 IT、数据中心和云组成。其包含的四个发展阶段如下（见图 14.1）。

第一阶段：第一阶段类似于三层架构中的感知层。传感器感知环境数据，然后对其进行处理。

第二阶段：第二阶段包括互联网网关、数据采集系统等。这一阶段收集所有数据，并为进一步传输优化数据。此阶段实现了数据的数字化和聚合。

第三阶段：第三阶段类似于三层架构中的网络层。其连接了所有物联网设备。在这一阶段，数字化和聚合的数据在物联网设备之间进行分发。

第四阶段：第四阶段涉及云计算和云存储，数据将被进一步分析、处理和使用。

3. 五层架构

五层架构是三层架构的扩展，新增了两个层次：业务层和处理层（见图 15.4）。应用层和感知层的功能与三层架构中保持一致。

图 15.4　物联网五层架构 [5]

传输层位于感知层和处理层之间。它的作用是将数据从感知层传输到处理层，以及从处理层传回感知层。这一过程通过不同的网络实现，如蓝牙、3G、4G、无线等 [5]。

处理层位于五层架构的中心。它用于存储数据并分析大量数据以进一步处理。它由云计算、不同的数据库和大数据处理模型组成 [6]。

业务层是架构的顶层。这一层处理物联网所需的所有业务流程 [6]。它负责管理和优化利润及商业模式。

15.2.2　业务流程

业务流程是业务的重要组成部分。根据客户需求，必须满足 SLA。关键绩效指标（KPI）用于衡量业务流程的效率和效果。任何组织的目标是满足

SLA 并提高 KPI。

就商业机会和日常产生的数据量而言，物联网非常庞大。每天生成的数据大约为 2.5EB。数据量如此之大，以至于这种数据泛滥在组织从最初的实验阶段过渡到物联网应用的全面部署时对组织造成巨大挑战。组织正努力捕获、处理并应对持续生成的海量信息。传统的刚性架构和数据模型正迅速变得过时，其无法应对数据的速度、灵活性和容量，也无法适应新的编程技术，如机器学习算法，此类技术对于推动物联网至关重要。

工作流管理系统（WMS）是一个用于管理数据的流程。WMS 执行包含人工参与和自动化任务的业务流程。业务流程的状态被捕获，当接收到触发信号时，会进行状态转换。

例如，当客户在购物车页面点击"提交"按钮以确认购买商品时，购物车审批工作流的状态将从"审批购物车"转移到"支付"窗口。

这正是物联网工作流的一个例子，其中消息或触发器可以通过物联网云基础设施发送，以改变工作流的状态。物联网工作流可以轻松管理任何组织中各种流程的状态跟踪。

跟踪 SLA 和 KPI 非常重要。KPI 代表组织目标，而 SLA 是服务提供商和客户之间的书面协议。例如，一个购物中心的 KPI 可能是"包裹配送的平均成本"，同一服务提供商的 SLA 可能是"包裹的最晚交付时间"。

物联网工作流具有许多优势，其中包括但不限于：

- 促进业务发展：物联网工作流提供业务流程不同状态的实时视图，使决策者能够基于现有数据采取行动或做出决策。
- 提供细粒度视图：与传统工作流相比，基于低级别物联网消息的工作流提供更详细的视图。
- 提供预测洞察：可以进一步挖掘和分析存储的流程状态数据，以进行预测。例如，分析所有 SLA 违规数据，可以预测并避免进一步违规。
- 为业务带来好处：业务将从持续监控 SLA 和 KPI 中获益。

15.2.3　商业模式

物联网有多种商业模式，可以或正在被用来增加收入、利润、市场份额和产品的适应性[7]。亚历山大·奥斯特瓦尔德在其著作《商业模式新生代：为远见者、改变游戏者和挑战者准备的手册》中定义了商业模式："商业模式描述了组织如何创造、传递和捕获价值。"该定义强调了管理者在交付产品方面的角色和责任，但重点应放在产品价值上。然而，在当今的物联网市场中，产品通常与传感器相关联，数据在仪表板上的展示被视为"价值"。如果产品没有真正的价值，业务就不会增长。

物联网的商业模式应专注于捕获和传递与产品相关联的价值，并应具备一些独特特征，提供全天候服务和客户连接，从而实现差异化和创新价值。

（1）订阅模型。SaaS（软件即服务）是订阅模式的典型代表。客户不是一次性购买产品，而是通过支付订阅费来持续享受软件的价值。

（2）资产共享模型。所有物联网产品都是不相同的。由于生产一种产品所需的昂贵设备往往没有得到充分利用，利润减少，因此引入了资产共享模型，以大幅降低制造成本。

（3）基于结果的模型。这是一种创新模型，采用了创新的理念。根据该模型，客户为产品的成果而非产品本身付费，这鼓励企业在这一模型下进行创新。

（4）剃须刀模型。这种模型关注销售产品。产品可能是低价销售或免费提供，特别是对于那些需要不断更换或升级的产品。重要的是确保客户永远不会用完消耗品，如惠普的联网打印机可以自动重新订购墨盒。这种模型可以用来将"普通"产品转变为物联网产品。像生产联网打印机的惠普及无限滤水壶的 Brita 等企业正在使用这种模型。

15.3 物联网的短板

物联网的快速发展也带来了一些问题[8]。对我们来说，理解它们非常重要，以便我们以尽可能高效的方式解决这些问题。

15.3.1 安全问题

多年来，物联网因其安全问题而备受关注。根据 F-Secure 的数据，

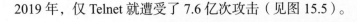

2019 年，仅 Telnet 就遭受了 7.6 亿次攻击（见图 15.5）。

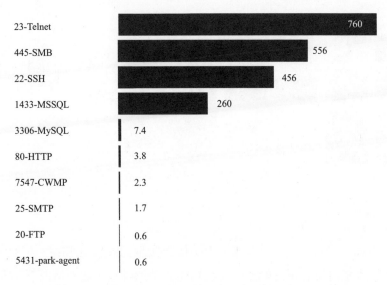

端口	次数
23-Telnet	760
445-SMB	556
22-SSH	456
1433-MSSQL	260
3306-MySQL	7.4
80-HTTP	3.8
7547-CWMP	2.3
25-SMTP	1.7
20-FTP	0.6
5431-park-agent	0.6

图 15.5　目标 TCP 端口被攻击的次数排名（单位：百万次）

随着物联网的增长，大量新的中心加入系统和网络，为攻击者提供了更多的攻击目标。

恶意软件能够影响无数物联网设备，如智能家居设备和闭路电视摄像机，并将它们用于攻击它们自己的服务器。研究显示，连接到互联网的摄像机大约引起了 30% 的安全问题，其次是房屋门，占 15%，汽车占 12%，电视机占 10%，熨斗占 6%，供暖系统占 6%，烟雾报警系统占 6%，烤箱占 5%，照明设备占 5%（见图 15.6）。除了汽车，上面提到的所有物品都是家庭自动化设备。

15.3.2　尺寸小型化

随着我们迈向无线时代，工程师们面临诸多挑战，如制造更小巧的设备，并将无线电发射器集成其中。此类设备还需要具备用户友好性、舒适性和高效性，同时对环境的影响要尽可能小，以满足消费者的需求[9]。

多年来，业界采用了多种不同的方法，促进了硅制造工艺的发展。这有助于解决物联网设备在空间利用上的问题。微处理器（MCU）和射频（RF）

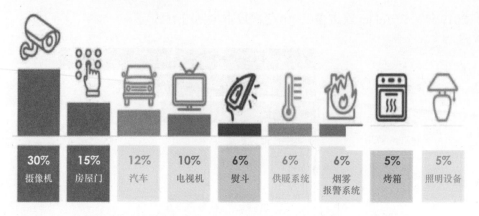

30%	15%	12%	10%	6%	6%	6%	5%	5%
摄像机	房屋门	汽车	电视机	熨斗	供暖系统	烟雾报警系统	烤箱	照明设备

图 15.6　消费者对家庭自动化设备连接到互联网的关心程度

资料来源：MEF 全球消费者信任调查（2016）。

技术可集成到系统级芯片（SoC）中，从而实现无线微处理器。但是，SoC的发展仍然面临与射频发射器的天线功能相关的挑战。通常情况下，天线由客户负责设计。客户可能会得到指导或建议，选择有集成天线的现成无线模块。在设计小型物联网设备时，天线所需的空间是一个挑战。在确保可靠的无线连接的同时，还必须保持设备的效率。

印刷电路板（PCB）天线尺寸通常为 25mm × 15mm（见图 15.7），占据了相当大的空间，导致物联网设备体积庞大。

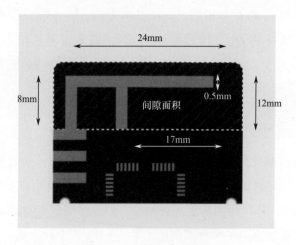

图 15.7　印刷电路板天线

15.3.3　伦理挑战

物联网的伦理挑战如图 15.8 所示。

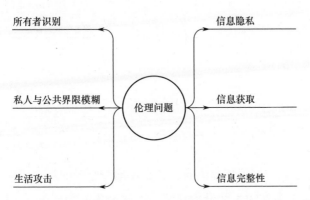

图 15.8　物联网的伦理问题

所有者识别：物联网设备收集了大量数据，使得原始数据所有者的追踪变得非常困难。如果不知道所有者信息，获取其对进一步分析或处理所收集数据的同意将变得复杂。

私人与公共界限模糊：物联网的广泛使用已经模糊了私人与公共生活之间的界限，使得私人生活几乎透明化。

生活攻击：随着物联网技术的普及，全球人民对其的依赖性不断增强。针对物联网网络或设备的攻击不仅限于造成数据丢失或系统物理损害。这些攻击可能进一步影响人们的生活。这可通过医疗应用领域进行解释。如果患者信息在物联网医疗应用中发生变更，可能会导致错误的治疗决策，进而对患者的生命造成严重影响。

15.3.4　法律问题

将会有大量的交换机和路由器被用于高速且成本较低的数据及信息交换。未来对这些设备进行有效控制、监控和管理将面临重大挑战。这将引发一些迫切需要解决的法律问题（见图 15.9）。

（1）所有物联网网络和设备都将依赖互联网运作。如果互联网服务遇到技术或法律问题，将会产生什么后果？在缺乏互联网服务而导致的损失中，

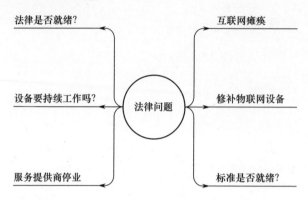

图 15.9　物联网的法律问题

谁应承担责任：是应用服务提供商，还是本地或全球的互联网服务提供商？

（2）随着未来新物联网设备安装，这些设备能否与现有的场景恰当地整合？谁将担负起确保设备和数据交易完全安全的责任？

（3）这些情境需要明确的标准和法规。我们是否已经做好了准备？

（4）如果应用服务提供商破产或业务失败，用户应如何应对？将如何处理和管理数据？

（5）数据收集将是持续不断的过程，还是说设备在某些时候可暂停收集数据？

15.3.5　互操作性问题

当计算机系统或软件能够交换信息并处理这些交换的信息时，这种能力被称为互操作性。专有软件的大型企业出于在市场上获得优势的简单原因，不希望它们的设备具备互操作性。因此，它们不提供其产品的开放应用程序编程接口（API）[10]。

不同物联网设备的 API 之间存在高度的不兼容性。为了简化物联网设备的复杂性，需要建立一个通用的 API 管理系统层。实现这一通用 API 管理系统层的挑战在于找出所有物联网设备间的共同模式并进行简化。不同的物联网设备处理或感知不同类型的数据，存在多种数据表示形式。为了感知多样化的数据，不同的设备会使用不同的 API，这进一步导致缺少统一的标准和数据语义，使得数据的处理和分析方式各不相同。这将成为不同物联网设备间进行通信，也就是数据交换的一个主要障碍 [11]。

本章原书参考资料

1. Bakr, A. A. and Azer, M., IoT ethics challenges and legal issues. In 12th International Conference on Computer Engineering and Systems (ICCES) 233–237, 2017. 10. 1109/ICCES. 2017. 8275309.

2. Osterwalder, A., *Business Model Generation: A handbook for Visionaries, Game Changers, and Challengers.* Wiley, Hoboken, New Jersey, United States.

3. Mukherjee, D., Pal, D., Misra, P., Workflow for the Internet of Things. TCS Innovation Labs, Tata Consultancy Services Limited, New Town, Kolkata, India, 2017.

4. Fleisch, E., Weinberger, M., Wortmann, F., Business Models and the Internet of Things, 9001, pp. 6–10, 2015. Interoperability and Open-Source Solutions for the Internet of Things, Conference paper.

5. P. V. Dudhe, N. V. Kadam, R. M. Hushangabade, M. S. Deshmukh, Internet of Things (IOT): An overview and its applications, Published in: 2017 International Conference on Energy, Communication, Data Analytics and Soft Computing (ICECDS), Date Added to IEEE Xplore: 21 June 2018.

6. Mark Hung, Gartner Research Vice President, Leading the IoT Gartner Insights on How to Lead in a connected World, Published in 2017 Gartner Inc.

7. Jindal, F., Jamar, R., Churi, P., Future and Challenges of Internet of Things. *Int. J. Comput. Sci. Inf. Technol.*, 10, 13–25, 2018. 10. 5121/ijcsit. 2018. 10202.

8. Konduru, V. and Bharamagoudra, M., Challenges and solutions of interopera-bility on IoT: How far have we come in resolving the IoT interoperability issues. 2017 International Conference On Smart Technologies For Smart Nation (SmartTechCon), 572–576, 2017. 10. 1109/SmartTechCon. 2017. 8358436.

9. Sethi, P. and Sarangi, S. R., Internet of Things: Architecture, Protocols & Applications. Hindawi. *J. Electr. Comput. Eng.*, 2017, 2017. Article ID 9324035.

10. Ray, P. P., Internet of Robotic Things: Concept, Technologies, and Challenges. *IEEE Access*, 4, 9489–9500, 2017.

11. Dijkman, R. M., Sprenkels, B., Peeters, T., Janssen, A., Business models for Internet of Things. *Int. J. Inf. Manage.*, 35 (6), 672–678, 2015.